沙拉就是又省事儿又健康又有格调的选择

沙拉吃不够

萨巴蒂娜 主编

青岛出版社
QINGDAO PUBLISHING HOUSE

图书在版编目（CIP）数据

沙拉吃不够 / 萨巴蒂娜主编 . –– 青岛 : 青岛出版社 , 2019.8

ISBN 978-7-5552-8487-1

Ⅰ . ①沙… Ⅱ . ①萨… Ⅲ . ① 沙拉 – 菜谱　　Ⅳ . ① TS972.118

中国版本图书馆 CIP 数据核字 (2019) 第 170771 号

书　　　名	沙拉吃不够
主　　　编	萨巴蒂娜
出 版 发 行	青岛出版社
社　　　址	青岛市海尔路 182 号（266061）
本 社 网 址	http://www.qdpub.com
邮 购 电 话	13335059110　0532-68068026
策 划 编 辑	周鸿媛
责 任 编 辑	杨子涵　逄　丹　俞倩茹
设　　　计	任珊珊　魏　铭
排 版 制 作	曹雨晨　叶德永
制　　　版	青岛帝骄文化传播有限公司
印　　　刷	青岛嘉宝印刷包装有限公司
出 版 日 期	2019 年 10 月第 1 版　2019 年 10 月第 1 次印刷
开　　　本	16 开（710 毫米 ×1010 毫米）
印　　　张	14
字　　　数	230 千
图　　　数	902 幅
书　　　号	ISBN 978-7-5552-8487-1
定　　　价	49.80 元

编校质量、盗版监督服务电话　4006532017　0532-68068638

建议陈列类别：生活类　美食类

百色沙拉，助我轻盈

我种了十多种蔬菜，不需要太多的阳光，只需提供充足的营养和水分，就可以长出鲜嫩的蔬菜，充实自家的餐桌。

每天摘取长大的叶子，做花式沙拉，就像在调色板上调色一样，十分有趣。而且，这样可以使种菜与烹饪相结合。这种自产自销的沙拉生活，让我开心不已。

若是芝麻菜或者苦苣，我喜欢用最简单的油醋汁来调配；若是球生菜，我喜欢用中式的三合油汁来调配；若是红叶生菜，我会先做一个鸡蛋沙拉，然后用叶子裹着吃；若是意大利生菜，配金枪鱼沙拉是超美味的。当然，这些只是根据我的喜好而选择的调配方式，若是你，喜欢怎么调配都可以。

沙拉最大的特点是充满了变化，用什么样的食材和调味汁，完全取决于你。沙拉风情万种，最配魅力无穷的你。

我爱吃沙拉的另一个重要原因是：尽管我不爱吃蔬菜，但若把多种蔬菜（洋葱、青椒、番茄、黄瓜等）细细切碎，浇上一半的千岛酱，一半的沙拉酱，我就会非常喜欢。这简直太神奇了！大量的蔬菜十分饱腹，经常这么吃，身体怎能不轻盈？

现代人生活节奏快，饮食不规律，体内容易缺乏维生素、矿物质、膳食纤维等营养物质，沙拉则是一种营养均衡的美食。

所以，如果你是一个厨艺初学者，请选择沙拉。

如果你是一个健康养生者，请多吃沙拉。

如果你跟我一样，喜欢种菜，那么搬盆、浇水会是很好的有氧活动；而且种菜还能与烹饪完美结合。

我爱我的沙拉生活，希望你也爱上它。

萨巴蒂娜

2019 年 9 月

第一章

谁说沙拉就是吃草？——肉食沙拉"嗨"起来

彩椒青豆牛肉沙拉
不仅好看 还很"瘦"用 042/

青柠牛肉杞果球沙拉
补铁、补血、补维生素 044/

鸡胸玉米青瓜沙拉
丝丝缕缕高蛋白 046/

香草乳酪鸡胸沙拉
酸爽高能"奶黄金" 048/

鸡丝银芽金针沙拉
纤细素白零负担 050/

彩椒麻辣鸡丝沙拉
多彩麻辣总动员 052/

柠煎软排羽衣沙拉
柠香美味 自然变美 054/

鸡胸千张卷时蔬沙拉
卷出来的欢喜与满足 056/

杏鲍鸡腿芦笋沙拉
养眼养心亦养人 058/

番茄秋葵鸡腿沙拉
星星点点 画风唯美 060/

黑椒鸡柳胡萝卜沙拉
椒香浓郁叶如花 062/

豉油鸡腿西蓝花沙拉
低调朴实 豉香美味 064/

玉米鸡丁牛油果沙拉
缠绵在口的幸福 066/

三色彩椒鸡腿丁沙拉
活色生香调色盘 068/

香煎三文鱼芦笋沙拉
不是刺身也健康 070/

青柠三文鱼乳酪沙拉
奶香浓郁 深海美味 072/

三文鱼甜豆荚豌豆苗沙拉
知否?知否?应是绿肥红瘦 074/

金枪鱼番茄牛油果沙拉
蛋白加倍高能餐 076/

金枪鱼苦苣西蓝花沙拉
轻盈蔬菜高纤餐 078/

金枪鱼蛋鹰嘴豆沙拉
简单, 即美好 080/

005

黑椒番茄龙利鱼沙拉
番茄鱼肉 越吃越瘦 082/

龙利鱼柳芝麻菜沙拉
护眼鱼肉 高钙组合 084/

芦荟魔芋龙利鱼沙拉
筋道水嫩 润肠亮肤 086/

杧果香煎银鳕鱼沙拉
酸甜可口 焦香美味 088/

桂花莲藕蒸鳕鱼沙拉
只留香 不带甜 090/

番茄洋葱鱿鱼圈沙拉
圈圈"鱿"美味 092/

泰式荷兰豆鱿鱼沙拉
"鱿"其喜欢你 094/

鲜虾牛油果意面沙拉
绿意迷情虾 096/

芦笋虾仁藜麦沙拉
用饱足感战胜饥饿 098/

鲜虾凤梨佐黄瓜沙拉
筋道美味 唇齿留香 100/

泰式青柠杧果虾沙拉
酸爽美味 海洋风 102/

蒜蓉魔芋开背虾沙拉
"去肠砂"撞上开背虾 104/

豌豆薄荷北极虾沙拉
炎炎夏日 清甜治愈 106/

秋葵青芥北极贝沙拉
仰望星空 食指大动 108/

海带蟹肉带子沙拉
清凉夏日 海的味道 110/

青瓜山药扇贝沙拉
海之极品 清爽美味 112/

酸辣瓜条梅蛤沙拉
海瓜子，好吃不长肉 114/

第二章

谁说沙拉就是"吃油"——无油沙拉"素"起来

第三章

谁说水果沙拉就是"吃糖"——水果沙拉"美"起来

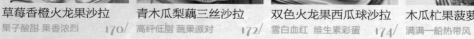

番石榴苹果青木瓜沙拉

三青色等烟雨

西瓜杧果牛油果沙拉

三层杂色水果魔方

第四章

谁说沙拉就是"吃生"——健康沙拉"叮"出来

香草菌菇暖沙拉

"叮"出来的飘香野味

什锦蔬菜沙拉

烤出来的蔬菜有肉香

孜然土豆花沙拉

透过开满鲜花的土豆

黑椒鸡胸杂菜沙拉

素白冬日的一袭暖意

南瓜口蘑鸡腿沙拉

节日里的高纤餐

南瓜茄子藜麦沙拉

高能量"瓜菜代"

番茄牛肉土豆沙拉

一见钟情 一口深爱

玉米芋头鸡腿沙拉

芋头恋上鸡 层层好美味

山药彩椒培根沙拉

培根卷出的"肉味"

金针芦笋牛肉卷沙拉

牛肉卷起素食美味

第五章

谁说沙拉都是"西餐"——中式沙拉"秀"起来

麻婆豆腐豌豆沙拉
减脂豆腐"素麻婆" 206/

牛蒡尖椒薄荷沙拉
新三样"老虎菜" 208/

豆角土豆茄子沙拉
凉拌的"地三鲜" 210/

西芹藕丁花生沙拉
高纤维 素什锦 212/

蒜蓉粉丝娃娃菜沙拉
拌出来的素食美味 214/

蚝油白灼西生菜沙拉
可以敞开吃的青菜 216/

凉拌青笋藕丁沙拉
"藕"是你的最佳"笋"友 218/

芝麻酱西葫芦沙拉
高钙养颜葫芦娃 220/

泡椒萝卜青瓜沙拉
酸爽的开胃菜 222/

知识篇

Knowledge Paper

调味篇：

给酱汁做减法——自制低脂健康沙拉酱

有种说法，一分沙拉九分酱。对此，美食界的解释是——酱，是沙拉的灵魂。沙拉若好吃，九分功劳在酱上。健身界则认为，沙拉的热量一分在食材，九分来自酱，多吃酱于瘦身无益。想瘦身，又不想做只吃草的苦行僧，二者能否兼得？当然可以！本章将重点介绍几种低热量沙拉酱的调配方法。

TIPS:

1. 酱汁都按主材 100g 左右为标准量制作，凡菜谱中涉及的酱汁均按20g 添加并计算热量。

2. 酱汁可以一次制作3~7天的用量，密封后放入冰箱保存，每天按量取食，更加方便。

经典油醋汁

健康沙拉酱

沙拉界公认健康且易于制作的沙拉酱汁，非油醋汁莫属。这种酱汁起源于中世纪的意大利，是最早的清爽酱汁，最诱人之处是健康和简单。1 份橄榄油 + 1 份醋，加适量盐和黑胡椒碎，摇一摇，就是非常美味的油醋汁。

材料

橄榄油	50g	蜂蜜	1 汤匙
红酒醋	50g	盐	1/2 茶匙
大蒜	10g		
黑胡椒碎	1/2 茶匙		

热量参考表

食材	重量 (g)	热量 (kcal)
橄榄油	50	450
红酒醋	50	10
大蒜	10	13
蜂蜜	15	48
合计		**521**

适用范围

经典油醋汁是健康改良版的意式油醋汁，降低了油的比例，用来拌蔬菜沙拉、海鲜沙拉、高蛋白沙拉或蘸面包均可。

做法

1. 准备一个宽口密封瓶，容量 200ml 左右，洗净并晾干，保证无油无水。
2. 大蒜去皮洗净，用压蒜器压成蒜泥备用。
3. 将红酒醋、蒜泥、盐、蜂蜜放入密封瓶，轻轻摇匀。
4. 缓慢加入橄榄油，用力摇晃，使油和醋充分混合。
5. 根据个人口味加入适量黑胡椒碎调味即成。
6. 将油醋汁密封后放入冰箱冷藏，可存放 1 周左右。

烹饪秘籍

1. 油醋汁中的"油"是指适合冷吃的油，除了橄榄油，还可选择亚麻籽油、椰子油等。
2. 油醋汁中的"醋"其实是"酸"，黑醋、红酒醋、白酒醋、柠檬醋均可，也可用新鲜柠檬汁代替，味道更加天然、清爽。

低油蛋黄酱

基本款 沙拉酱

一般蛋黄酱的制作方法是蛋黄、醋和油按1:1:5的比例调配，瘦身期间，每次看到配方里明晃晃的用油量，总感觉是在"吃油"。这款低油蛋黄酱把蛋黄和油的比例加以改良，蛋黄：醋：油=5:2:2，同时添加了糖粉和柠檬汁，兼顾了口感和乳化效果，尽可放心食用。

材料

鸡蛋黄	50g	柠檬汁	20g
糖粉	10g	色拉油	20g
盐	1/2 茶匙		

热量参考表

食材	重量 (g)	热量 (kcal)
鸡蛋黄	50	164
色拉油	20	180
柠檬汁	20	5
糖粉	10	40
合计		389

适用范围

这款是健康改良版"经典蛋黄酱"，几乎可以搭配所有沙拉，也可以用来做其他沙拉的酱底。以它为基础加不同的调味料，即可变身为塔塔酱、千岛酱、芥末酱等。尽可放心食用，绝无多油负担。

做法

1. 鸡蛋黄放入食物料理机的搅拌杯中，加入糖粉打至发白。

2. 分两次加入色拉油，先低速搅拌均匀，再高速搅打至油蛋充分混合。

3. 分两次加入柠檬汁，稀释油蛋混合液，直至顺滑。

4. 根据个人口味加入盐调味即成。

5. 将蛋黄酱密封后放入冰箱冷藏，可以保存3天左右。

烹饪秘籍

蛋黄酱的制作原理就是将油与蛋黄充分搅拌，使其发生乳化作用，变得味美可口。配方中减掉油，增加糖粉，目的是增加蛋黄酱的浓稠度，弥补乳化的不足。

清爽酸奶酱

水果沙拉的绝配

萨巴小语

酸奶酱决定了你是在吃"水果"，还是在吃"水果沙拉"。这款酱料虽制作工序简单，口味层次却很丰富，食之津津有味，让人欲罢不能。

材料

酸奶	80g	朗姆酒	1/2 茶匙
柠檬汁	10g	橙味酒	1/2 茶匙
盐	少许		

热量参考表		
食材	重量（g）	热量（kcal）
酸奶	80	58
柠檬汁	10	3
合计		61

做法

1. 酸奶倒入沙拉碗中。
2. 依次放入朗姆酒、橙味酒、柠檬汁，搅拌均匀。
3. 加入盐调味即成。

适用范围

这款酸奶酱可搭配所有水果沙拉，入口酒香浓郁，层次丰富，稀稠适中，放心食用零负担。

烹饪秘籍

1. 酸奶要选偏稠的酸奶，以期对水果产生包裹的口感。
2. 朗姆酒和橙味酒的运用是形成口感层次丰富的关键，盐的加入可以激发出水果中的甜味。

油浸香草酱

肉类沙拉的绝配

罗勒叶、百里香、迷迭香决定了西餐的调性，再加上黑胡椒碎和盐，更是把蔬菜类沙拉调出肉味，是让人"吃草"都不觉苦的秘籍。主料中红洋葱和橄榄油按1：1配比，健康又美味。

材料

红洋葱	50g	橄榄油	50g
罗勒叶	5g	百里香	5g
迷迭香	5g	红酒	2汤匙
黑胡椒碎	1/2 茶匙	盐	1/2 茶匙

热量参考表

食材	重量 (g)	热量 (kcal)
红洋葱	50	19
橄榄油	50	450
红酒	30	29
合计		498

适用范围

这款油浸香草酱带有浓郁的香草气息，红洋葱能调动起红肉的口感，适合搭配肉类沙拉和蔬菜沙拉，也是极好的主食沙拉的佐餐伴侣。

做法

1. 红洋葱去头尾，切成碎末。
2. 将罗勒叶、百里香、迷迭香洗净，用厨房纸巾擦干。
3. 平底锅加橄榄油，小火加热至温热，放入罗勒叶、百里香、迷迭香，煸炒出香味。
4. 放入红洋葱碎，小火炒至透明。
5. 加入红酒，转中火煮至汤浓。
6. 根据个人口味放入黑胡椒碎、盐，调味即成。

烹饪秘籍

1. 橄榄油是冷榨油，炒香料时要低温煸香，更容易出味。
2. 红酒用来调节酱料的干湿度，可根据个人喜好增减用量。
3. 这款酱密封后能保存两周左右，可随时取用佐餐，非常方便。

味噌豆腐酱

日式佐餐酱

味噌用黄豆发酵制成，含有丰富的蛋白质、氨基酸和膳食纤维。日本豆腐细腻、多纤维，和味噌搅拌在一起，口感像极了沙拉酱，且低脂高蛋白，常食有益健康。

材料

日本豆腐	80g	生味噌	10g
鱼露	1/2 汤匙	熟白芝麻	10g
橄榄油	15g	海苔	5g
白砂糖	1/2 汤匙		

热量参考表

食材	重量 (g)	热量 (kcal)
日本豆腐	80	33
生味噌	10	20
白芝麻	10	54
海苔	5	13
橄榄油	15	135
合计		255

适用范围

这款味噌豆腐酱有浓郁的日式风味，适合搭配海鲜沙拉、蔬菜沙拉。

做法

1. 将日本豆腐放入食物料理机的搅拌杯中。
2. 放入生味噌、鱼露、白砂糖，低速搅打至砂糖完全溶化。
3. 加入橄榄油，高速打至细碎顺滑，盛入容器中。
4. 海苔用剪刀剪成细条，和白芝麻一起撒在酱料表面即成。

烹饪秘籍

白芝麻是豆腐的绝配，可根据个人喜好增减用量。

欧芹牛油果酱

百搭佐餐酱

欧芹牛油果酱是高蛋白、高纤维佐餐酱，清爽百搭。牛油果营养价值高，食之能降低血脂，保护心血管。欧芹富含维生素C、膳食纤维，有益健康。

材料

牛油果	50g	欧芹	20g
酸奶	20g	柠檬	20g
盐	1/2 茶匙		
黑胡椒碎	1/2 茶匙		

热量参考表

食材	重量 (g)	热量 (kcal)
牛油果	50	85
欧芹	20	7
柠檬	20	5
酸奶	20	14
合计		111

适用范围

欧芹牛油果酱奶油般顺滑的口感中伴有粗纤维的质感，不论是涂面包，还是配蔬菜、肉类、意面，味道都超赞。

做法

1. 欧芹洗净沥干，切成细碎的小丁备用。
2. 牛油果洗净，对半切开，去除果核，用勺子贴着果皮挖出果肉，放入料理机。
3. 柠檬洗净沥干，对半切开，皮擦丝放入料理机，肉去除白筋后切块并放入料理机。
4. 将盐和黑胡椒碎放入料理机，加酸奶打至细滑，制成牛油果酱。
5. 将欧芹碎放入牛油果酱中，拌匀即成。

烹饪秘籍

1. 加入柠檬可以防止牛油果氧化，柠檬皮屑可以增加酱汁清爽的口感，使口感层次更丰富。
2. 酸奶用于调节酱汁浓度，用量可根据沙拉食材的干湿度酌情增减。

酒渍果干酱

水果沙拉伴侣

酒渍果干酱是使水果沙拉从平凡到惊艳的秘籍。厨艺高手总是在厨房中备有自制腊肉、鱼干、泡菜等，加少许调味，普通的食材立即能提升 N 个段位。这款经过朗姆酒腌渍的果干，就是可以迅速提升沙拉段位的自制调味品。需要时放上一两勺，就会给水果沙拉混入酒香和果香，平添一份酸甜醇香的层次感。

材料

橙皮	15g	葡萄干	30g
蔓越梅干	25g	提子干	30g
朗姆酒	100g	盐	少许

热量参考表

食材	重量(g)	热量(kcal)
橙皮	15	7
葡萄干	30	103
蔓越莓干	25	81
提子干	30	101
朗姆酒	100	26
合计		**318**

适用范围

酒渍果干酱中的葡萄干、蔓越梅干、提子干等果干富含多种营养，经朗姆酒腌渍，增加了果干的口感层次。这款酒渍果干酱适用于所有水果沙拉及部分口感清爽的蔬菜沙拉。

做法

1. 葡萄干、提子干、蔓越梅干用清水淘洗干净，再用温水浸泡 30 分钟左右，沥干备用。

2. 橙子用盐搓洗，除去表面农药残留及杂质，用清水洗净后擦干。

3. 用刀削下橙子表皮 15g 左右，切成尽量细的细丝备用。

4. 将洗净沥干的果干、橙皮丝放入密封罐，加入朗姆酒至没过材料。将密封罐放入冰箱冷藏，3 天以后即可食用。

烹饪秘籍

1. 橙皮含有香精油，除给食材提味外，还能消食化积。

2. 处理橙皮时，可用刀削下橙子表皮部分。橙皮内侧白瓤部分苦涩，注意去除干净。

3. 酒渍果干酱腌渍 3 天后方可食用。每次按比例多做些，密封冷藏可存放 1 年左右。

高钙芝麻酱

中式沙拉酱

芝麻酱是中式凉拌菜的经典酱料。芝麻酱中钙和铁的含量比奶制品、豆制品、蔬菜中的含量都要高，加入同样高钙的虾皮代替盐来调味，能达到补铁、补钙的效果。

材料

芝麻酱	40g	虾皮	15g
白砂糖	5克	辣椒酱	5g

热量参考表

食材	重量 (g)	热量 (kcal)
芝麻酱	40	252
虾皮	15	23
白砂糖	5	20
辣椒酱	5	2
合计		297

适用范围

高钙芝麻酱用虾皮代替盐调味，营养加倍的同时，盐分减量。这款酱料适用于所有蔬菜及蛋类沙拉，也适用于部分肉类、坚果类和豆制品沙拉。

做法

1. 虾皮用冷水洗净，捞出控干备用。
2. 芝麻酱放入小碗，将等量温水（约40g）分2~3次注入，顺着一个方向搅拌至顺滑。
3. 依次加入虾皮、白砂糖，拌匀即成。
4. 可根据个人口味加入辣椒酱调味。

烹饪秘籍

1. 芝麻酱较浓稠且含油脂，需用30℃左右的温水稀释。调制时注意三点：一是加入等量的水，二是分次加入，三是顺着一个方向搅拌。如此，即可轻松调出顺滑的芝麻酱。
2. 将虾皮用清水洗净沥干，可以除去杂质和过多的盐分，味道更加纯粹。

食材篇：
给食材做加法——沙拉家族的养颜食材

给普通配方中的寻常食材做"加法"，用健康食材替换之，瞬间变身标准瘦身美容沙拉。

一、肉类——加蛋白、减脂肪

沙拉中的肉首先要选择"不长肉"的肉，即低脂肉类；其次要选择能增肌减脂、补充蛋白的肉。

牛肉

牛肉是公认的低脂肉类，不仅含有丰富的优质蛋白，还富含氨基酸和锌、镁、铁等矿物质。贫血的女性尤其适合多吃牛肉，会令人面色红润，由内及外地美起来。

最适合做沙拉的成品牛肉是煎牛扒、焗牛肉粒和传统酱牛肉。

鸡肉

鸡肉中蛋白质含量高且易被吸收，是瘦身期补充蛋白质的优选。瘦身期宜食用的鸡肉部位是鸡胸和鸡腿（建议去皮）。

鱼、虾、贝

鱼、虾、贝不仅热量低，且所含的不饱和脂肪酸对人体有益，丰富的胶原蛋白更是有养颜护肤的功效。

最适合用来做健身餐的海鲜是三文鱼、金枪鱼、鳕鱼、龙利鱼、鲑鱼、大虾、北极贝、扇贝等。

二、蔬菜——加纤维、减热量

瘦身养颜沙拉中蔬菜的第一功能是补充膳食纤维，同时兼顾口感、颜色和热量。

叶类

芹菜、生菜、菠菜、油菜、芝麻菜、羽衣甘蓝……

豆类

青豆、豌豆、蚕豆、荷兰豆、豇豆……

根茎类

白萝卜、胡萝卜、莲藕、土豆、红薯、
魔芋、牛蒡、洋葱、芦笋、莴笋……

菌菇类

香菇、口蘑、杏鲍菇、蟹味菇、木耳……

三、水果——加纤维、减糖分

挑选水果，首先要选择应季、当地的水果，不仅味道好，也更健康。其次，要选择高纤维、低糖分、
色泽亮丽的水果，黄绿色、红紫色水果更符合这一要求。

黄色

柳橙、香蕉、菠萝、柚子、柠檬、梨……

绿色

奇异果、青木瓜、青苹果、青提、牛油果、番石榴……

红色

草莓、红苹果、火龙果、红提、树莓、西瓜……

紫色

葡萄、提子、蓝莓、黑莓、桑葚……

四、碳水化合物——加粗粮、减热量

瘦身不是拒绝所有碳水化合物，而是增加优质碳水化合物，减少精加工主食的摄入，这样有助于增加饱腹感。

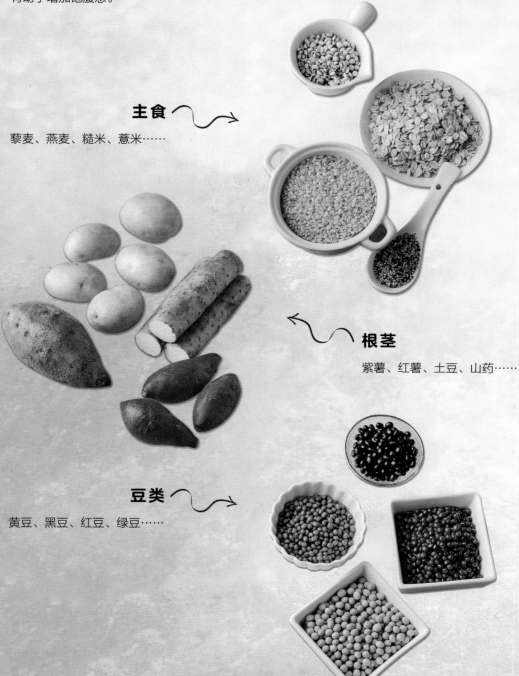

主食

藜麦、燕麦、糙米、薏米……

根茎

紫薯、红薯、土豆、山药……

豆类

黄豆、黑豆、红豆、绿豆……

五、脂肪——加不饱和脂肪、减饱和脂肪

瘦身不是拒绝所有脂肪，而是增加"好脂肪"（单不饱和脂肪酸和多不饱和脂肪酸）的摄入，减少"坏脂肪"（过量的饱和脂肪酸）的摄入。

油类

橄榄油、亚麻籽油、玉米油、茶油……

坚果类

核桃、腰果、杏仁、开心果、芝麻……

技巧篇：
给小白讲方法——沙拉食材的保存和烹调

肉类保存

（适用于牛肉、鸡肉和鱼虾）

1. 先将肉类洗净，用厨房纸巾擦干表面。
2. 将肉切成适口的大小，按每次的用量分成几份。
3. 每份平放在一块保鲜膜上，分别包裹后放入冰箱急速冷冻。
4. 将几份冻好的肉类放入保鲜盒，再放入冰箱冷冻室。
5. 用时取出，可在冷冻状态下直接处理，也可微波解冻，或直接煎制。

酱汁类保存

（适用于各种低脂油醋汁、牛油果酱及各类肉酱）

1. 冷藏：液体类酱汁放入密封罐，每次取用 20g 左右。此法可保存 1 周左右。
2. 冷冻：酱汁做好后摇匀，倒入尺寸适宜的冰格中，放入冰箱冷冻。用时，像取冰块一样取出所需用量即可。此法可保存两周左右。

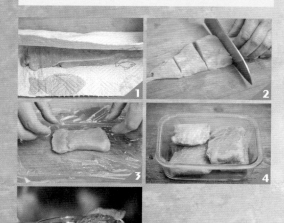

煮意面

意面容易"百煮不软"，应注意四点：

1. 大锅多放水，以 100g 意面加 2L 水为准，便于意面在沸水中充分翻滚。

2. 水中加海盐，以 1L 水配比 6g 盐为准，略带咸味能给意面提味不少。

3. 意面的吸水比例是 1：1，即 100g 意面出 200g 成品，注意适量投放意面。

煮豆子

豆子是沙拉的必搭食材，烹煮所需时间长，可以一次多煮出些，分次入菜，也可冷冻保存，省时又方便。

1. 挑豆、洗豆。豆子必须经过挑选，去除干枯豆、破损豆和小石头，用流水淘洗干净。

2. 快速煮豆。干豆入锅，放入 3 倍量清水；大火煮沸 2 分钟后关火、盖锅盖，静置 30 分钟后再煮豆，这样更容易煮得软烂。

3. 隔夜浸泡。干豆洗净，放入 3 倍量清水，静置 8~12 小时后再煮，效果也很好。

4. 煮豆时间差异很大，视豆子的新陈、大小和干湿而定。小豆子 15 分钟左右即软，鹰嘴豆需要 30 分钟以上，鉴定方法是煮 15 分钟后尝一尝，软硬度据个人喜好而定。豆子的吸水比例是 1：2.5~1：3，即 100g 干豆能煮出 250~300g 熟豆。

煮鸡胸肉

1. 鸡胸肉洗净，放入容器中，加入没过鸡肉一指肚高的冷水。
2. 在煮鸡胸的水中加入香叶和料酒除腥，也可根据个人喜好放入辣椒。
3. 鸡肉冷水入锅，先大火煮沸，再转小火煮 15 分钟，关火，盖上锅盖浸泡 10 分钟。
4. 鸡肉取出晾凉即可。这样煮出的鸡胸肉比较软嫩，切条、撕细丝均可。

焯蔬菜

（适用于绿叶类、根茎类蔬菜）

1. 锅中放入足量的清水烧开，目的是让蔬菜迅速升温，缩短焯水时间。
2. 水中加少许盐和橄榄油，对绿色蔬菜起到护色作用。
3. 焯水时间视蔬菜切分后的大小、易熟度、入菜所需软硬度及个人喜好而定。一般而言，叶类、豆芽等易熟菜的焯水时间，通常在 30~60 秒；蘑菇类、芦笋、西蓝花、秋葵等的焯水时间，通常在 1~1.5 分钟；胡萝卜、藕、土豆等根茎类蔬菜的焯水时间，通常在 2 分钟左右。欲使食材口感爽脆，则要适当缩短焯水时间。

巧用刀叉撕鸡丝

1. 鸡胸肉煮熟，用肉锤敲打，或用叉子的背部按压鸡肉表面，使鸡肉变得松软。
2. 用手把鸡胸肉撕成5cm左右的大块。
3. 用一个叉子固定住鸡肉，用另一个叉子顺着鸡肉的纹理快速往下撕，这样即可把整块鸡肉快速撕成细丝。

剥虾记得留尾巴

1. 用剪刀剪去大虾的尖须，以防扎手。
2. 虾通常有6节，第三节的皮与肉连接最紧，此处下牙签挑虾线，不容易断掉。
3. 挑去虾线后，先剥掉第三节皮。
4. 从第三节向上，剥去第一二节的虾皮，连虾头部分一起去掉。
5. 将大虾掉转方向，去掉虾须，再从第四节向尾巴处剥。
6. 只留最后一节虾皮和尾巴。焯熟后，虾尾翘起，造型别致。

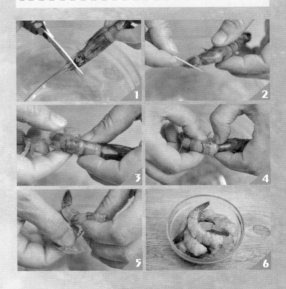

牛油果巧取果肉

1. 把牛油果放在案板上,用刀沿着牛油果长边中线下刀,沿着果核旋转划一圈。
2. 双手握住牛油果扭一扭,将其掰成两半。
3. 用勺子贴果皮将牛油果的果肉挖出来即可。
4. 牛油果易被氧化,取果肉后加入柠檬汁可以起到护色作用。

鸡肉去油脂

1. 减脂期吃鸡肉,最好是先剥除鸡皮,以减少对鸡油的摄入。
2. 如果需要用带皮的鸡肉,可用刀尖刺破鸡皮或用刀划开几道,这样无论焯水还是煎制,都更容易减少部分皮下脂肪。
3. 炒锅加热后放入鸡肉,鸡皮朝下,小火慢煎,同时轻压鸡肉,这样里面的脂肪更易被煎出。

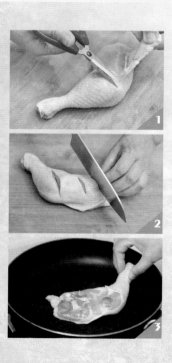

肉浸泡去腥味

用冷水浸泡生肉、除去血水时，除料酒之外，不同的肉有不同的"浸泡伴侣"，可以帮助去除腥味。

1. 鸡、鸭在用冷水浸泡时，倒入啤酒和白胡椒粉，除腥效果更好。

2. 牛肉用冷水浸泡时，加入八角或辣椒，去腥效果更好。

3. 羊肉的膻味需用陈皮来解。冷水浸泡时加入陈皮，膻味即除。

4. 猪肉浸冷水时，除加姜、葱和料酒外，加点牛奶会使除腥效果更好，肉质更嫩。

5. 鱼腥需用酸来中和。将鱼清理干净后，加几滴柠檬汁或醋，再加料酒浸泡，即可去除腥味。

Sweet
Time

WITH YOU

BANFANG

谁说沙拉就是吃草？
——肉食沙拉"嗨"起来

介绍几种吃了"不长肉"的肉类（如牛肉、鸡肉、鱼、虾、贝类等）的沙拉做法。

香煎牛排乳酪沙拉

烹饪时间 ◎ **20**min

难易程度 🌢🌢🌢

最基础的"牛排+乳酪+生菜"组合，是最简单易做的高钙高能瘦身餐。乳酪铺垫出牛排的风味与层次，蔬菜补齐了膳食营养，奶香融入口中，简单、美味，超棒的瘦身美食。

营养贴士

乳酪是将牛奶发酵制成的乳制品，含有天然的乳脂肪，以及丰富的蛋白质、钙、维生素等营养成分，不仅可口，而且营养价值高，是沙拉佐餐佳品。

材料

牛排	150g	盐	1/2 茶匙
乳酪	30g	黑胡椒碎	1/2 茶匙
生菜	100g	红酒	1 汤匙
洋葱	50g	橄榄油	1 汤匙

热量参考表

食材	重量 (g)	热量 (kcal)
牛排	150	137
乳酪	30	98
生菜	100	16
洋葱	50	20
合计		271

做法

1. 牛排洗净，用厨房纸巾吸去多余水，在案板上用肉锤敲散，肉的口感会更加松软。

2. 牛排上撒少许盐，再放上黑胡椒碎和红酒，腌渍 5~10 分钟。

3. 洋葱去皮洗净，取半个，横切成圈，备用。

4. 煎锅加热，放入橄榄油，放入切好的洋葱圈，煎 1 分钟左右至香气逸出。

5. 放入牛排，正面煎 2 分钟，翻面再煎 1 分钟左右出锅。

6. 牛排晾片刻，温热后切成 2cm 宽的长条备用。

7. 生菜清洗干净，控干。乳酪切成细丝备用。

8. 取大盘，铺一层生菜，摆上切好的牛排，最后放乳酪丝拌匀即成。

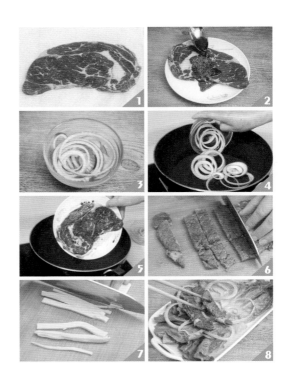

烹饪秘籍

乳酪建议选用超市小包装的片状乳酪。如果是盒装圆形乳酪，可按切蛋糕的方法，由中心点呈放射状依序切开，再切成小片；长方形乳酪则直接切成片状或方块，大小适合入口即可。一次吃不完，可以分小包装独立存放，以防变质。

一块牛排
一捆菜

生煎牛排芦笋沙拉

烹饪时间 ◎ **20min**

难易程度 ◆◆◆

营养贴士

牛肉是公认的低脂肉类，不仅含有丰富的优质蛋白，还富含氨基酸和锌、镁、铁等矿物质。贫血的女性尤其适合多吃牛肉，面色红润才是由内及外的美。

材料

牛排	（1块）150g	橄榄油	1/2 汤匙
芦笋	100g	黑胡椒碎	1/2 茶匙
鸡蛋	（1个）60g	盐	1/2 茶匙
洋葱	（半个）50g	柠檬汁	几滴

热量参考表

食材	重量 (g)	热量 (kcal)
牛排	150	137
芦笋	100	22
鸡蛋	60	86
洋葱	50	20
合计		265

做法

1. 牛排取出，解冻至室温备用。

2. 洋葱去皮洗净，取半个横切成圈备用。

3. 芦笋除去老根，清洗后切成 10 厘米长的段，备用。

4. 锅中放入适量清水，加少许盐和橄榄油烧开，放入芦笋焯 1 分钟左右，待芦笋变翠绿色后捞出沥干，放入盘中。

5. 鸡蛋放入锅中煮熟，剥壳，切成两半，摆入盘中。

6. 炒锅烧热，加入剩余橄榄油，放入洋葱圈煎 1 分钟左右至香气逸出，放入盘中。

7. 牛排放入煎锅，煎至个人喜爱的程度盛出，稍冷却后切成适口的长条，摆盘。

8. 根据口味撒上黑胡椒碎和剩余的盐，淋入柠檬汁，拌匀即成。

烹饪秘籍

市售牛排是方便使用的肉类半成品。考虑瘦身效果，可以舍弃配料中的黄油，改用少许橄榄油煎制。黑胡椒碎也可以用现磨黑胡椒碎替代，再适度撒上一点点盐。习惯了这种吃法，你会发现牛排不但美味，减脂效果还能翻倍。

黑椒牛排双薯沙拉

论瘦身，"薯"你牛

土豆与紫薯，两种高纤的食材组合，搭配低脂、高蛋白的牛排，轻轻松松填饱肚子，营养美味无负担。

烹饪时间 ⊚ **20min**

难易程度 ◖◖◖

材料

牛排	（1块）150g
紫薯	100g
土豆	100g
芝麻菜	50g
樱桃番茄	50g
黄油	10g
黑胡椒酱	20g
红酒	1 茶匙

烹饪秘籍

紫薯、红薯、土豆、山药等根茎类食物是替代主食的好选择，处理方式也很多：可以加调料烤制，也可以蒸熟后捣成泥，更简单快捷的处理方式是切成丁，放进微波炉加热。在微波的过程中，牛排正好煎熟出锅。只要善于统筹时间，分分钟即可搞定一餐美味沙拉。

做法

1. 牛排从冰箱取出，稍微解冻，切成 2cm 见方的小块备用。

2. 紫薯、土豆洗净去皮，分别切成 1cm 见方的小丁备用。

3. 紫薯丁、土豆丁放入微波碗中，加 10ml 左右清水，放入微波炉高火 5 分钟加热至微变软。

4. 煎锅中放入黄油，将切好的牛排粒放入，加红酒翻炒 1 分钟左右，盛出放入微波碗中。

5. 芝麻菜去根洗净，切成小段备用。

6. 樱桃番茄洗净，逐个切成 4 瓣备用。

7. 将紫薯、土豆、牛排与芝麻菜、樱桃番茄拌在一起，浇上黑胡椒酱混匀即成。

营养贴士

薯类是粗纤维食物，可以促进胃肠蠕动，保持大便通畅，是很好的主食替代品。紫薯除有普通薯类应有的营养外，还富含花青素、硒元素，热量更低，几乎不含脂肪和胆固醇，用它替代米、面等主食，可以减少糖类在人体内转变成脂肪。减肥期多吃些紫薯，不仅不会发胖，还能够帮助减肥哟！

热 量 参 考 表

食材	牛排	紫薯	土豆	芝麻菜	樱桃番茄	黑胡椒酱	合计
重量（g）	150	100	100	50	50	20	
热量（kcal）	137	106	81	13	13	30	380

橙皮牛柳藜麦沙拉

烹饪时间 ◦ **30min**（不含泡藜麦时间）

难易程度 ●●●

一个香橙实现两种功能：橙皮散发出浓郁的柑橘清香，橙汁能够软化牛肉纤维。这样烹制牛柳，橙香包裹着肉香，咬下去汁滑肉嫩，令人十分满足。

营养贴士

牛肉是高蛋白食品，做牛肉时加入果酸含量丰富的橙子一起烹饪，有助于提高蛋白分解酶的活性，使牛肉更容易软烂入味，所含营养物质也更容易被人体吸收，牛肉汤汁更鲜香，口感更好！

材料

瘦牛肉	150g	橄榄油	1/2 汤匙
藜麦	50g	黑胡椒碎	1/2 茶匙
橙子	（1个）150g	盐	1/2 茶匙
洋葱	（半个）50g		

热量参考表

食材	重量(g)	热量(kcal)
瘦牛肉	150	159
藜麦	50	184
橙子	150	72
洋葱	50	20
合计		435

做法

1. 藜麦淘洗干净，加入两倍量清水，浸泡2小时。

2. 锅中加入适量清水，加入几滴橄榄油和少许盐煮沸，放入藜麦，小火煮15分钟左右，捞出沥干备用。

3. 瘦牛肉洗净沥干，切成小手指粗细的牛柳。洋葱去皮洗净，切成花瓣状备用。

4. 橙子洗净，用厨房纸巾擦干，横向切下中段1/3，去皮，切成长条备用。

5. 剩余两头的橙子取橙皮磨成蓉状，橙肉挤汁，浇在切好的牛柳上，腌制10分钟至入味。

6. 炒锅加剩余橄榄油烧热，放入洋葱炒出香味，加入牛柳炒2分钟左右至打卷。

7. 将炒好的牛柳、洋葱，煮熟的藜麦和切好的橙条摆盘。

8. 将黑胡椒碎和剩余盐撒在上面，淋上炒制牛肉的汤汁，拌匀即成。

烹饪秘籍

1. 切牛肉要垂直于牛肉的纹理切，这样易于切断牛肉的肌纤维，方便咀嚼。

2. 处理橙皮时，一定要把橙皮里面的白色部分片掉，否则会有苦味。

彩椒青豆牛肉沙拉

烹饪时间 **20min**

难易程度 🌢🌢

营养贴士

沙拉中经常会用到彩椒，可不仅仅是因为它"好看"，更重要的原因是它还很"中用"！彩椒中丰富的椒类碱可以促进脂肪代谢，有助于减肥；它还富含多种维生素，有较强的抗氧化作用，可以阻止皮肤上的色素沉积。

材料

牛排	150g	黄油	10g
青豆	80g	黑胡椒酱	20g
红椒、黄椒	共100g	盐	少许
鸡蛋	（1个）60g	橄榄油	少许

热量参考表

食材	重量(g)	热量(kcal)
牛排	150	137
青豆	80	62
彩椒	100	22
鸡蛋	60	86
黑胡椒酱	20	30
合计		337

做法

1. 冰箱中取出牛排稍微解冻，切成 1cm 见方的块，放置于室温下，继续解冻备用。

2. 黄椒、红椒洗净，去蒂、籽，切成 1cm 见方的小丁备用。

3. 锅中放入适量清水，加少许盐和橄榄油烧开，放入青豆焯 30 秒，取出沥干备用。

4. 鸡蛋放入焯过青豆的水中煮熟，过凉水后去壳，切成 1cm 见方的小丁备用。

5. 炒锅烧热，放入黄油化开，放入牛肉丁翻炒 2 分钟左右至香气逸出后盛出。

6. 将彩椒丁、焯好的青豆、炒熟的牛肉丁、切好的鸡蛋丁放入沙拉碗中，挤入黑胡椒酱，拌匀后装盘即成。

烹饪秘籍

青豆色泽鲜艳，营养丰富，它和玉米被分别被冠以沙拉界的"男三号"和"女三号"的称号，意思是"主角可以更换，它俩不可或缺"。青豆焯热水极易变色，一般在沸水中煮 30 秒即可，另外，加入少许盐和橄榄油可以起到护色、保鲜的作用。

青柠牛肉杧果球沙拉

烹饪时间 **30**min

难易程度

萨巴小语

水果入菜，与牛肉是绝配。牛肉软嫩不腥，杧果香甜滑糯，如此搭配相当受女生青睐。

营养贴士

杧果中维生素含量高于一般水果，且所含某些维生素即使经过加热也很少损失，是水果中非常适合炖食和炒食的品种。此外，杧果的纤维素含量高，润肠通便效果好，是维护肠道健康的优选。

材料

牛排	（1片）150g	蒜	3~4瓣	
杧果	（1个）150g	小米辣	1个	
青柠檬	（2个）40g	鱼露	1汤匙	
料酒	1汤匙	白砂糖	1/2茶匙	
盐	少许	橄榄油	1汤匙	
黑胡椒碎	少许			

热量参考表		
食材	重量 (g)	热量 (kcal)
牛排	150	137
杧果	150	53
青柠檬	40	15
合计		205

做法

1. 牛排从冰箱中取出，解冻至室温，切成2cm见方的小块，加入料酒、盐、黑胡椒碎抓拌均匀，腌制入味。

2. 杧果洗净，横切成两半，去掉果核，用挖球器挖出杧果球备用。

3. 青柠檬洗净，一个挤汁至小碗中，一个切成2mm厚的片备用。

4. 大蒜洗净，切成碎末。小米辣切成小圈，加青柠汁、鱼露、白砂糖调成酱汁。

5. 炒锅烧热，倒入橄榄油，放入牛肉丁翻炒至香气逸出，盛出。

6. 青柠檬片放入盘中垫底，上面放牛肉丁、杧果球，淋上酱汁即成。

烹饪秘籍

想得到完整的杧果球，可以用挖球器从杧果上方用力按压至柄部，然后原地旋转一周直到杧果球脱落。若手边没有挖球器，也可在去核杧果上划十字刀，切成小方块。

鸡胸玉米青瓜沙拉

烹饪时间 ◎ **30**min

难易程度 ●●●

大道至简是本菜品的最大特点。鸡胸肉是健身餐中的"百搭王者"，简单的白煮法可以极大限度地保留食材原味；把鸡胸撕成细丝状，可获得更好的口感；再用低脂调料调味，即可调出健康美味。

🍴 营养贴士

鸡胸肉蛋白质含量高，采用健康、低脂的水煮方式进行处理，做成的沙拉可谓健身的必备，消疲劳、抗衰老的效果也是一级棒！

🥗 材料

鸡胸肉	150g	蛋黄	（2个）35g
荷兰瓜	（1根）100g	橄榄油	1汤匙
甜玉米粒	50g	柠檬汁	10g
香叶	2~3片	蜂蜜	1/2茶匙
料酒	1汤匙	盐	1/2茶匙

热量参考表

食材	重量（g）	热量（kcal）
鸡胸肉	150	200
荷兰瓜	100	14
甜玉米粒	50	15
蛋黄	35	115
合计		344

👨‍🍳 做法

1. 锅中放约500ml清水烧开，放入甜玉米粒焯1分钟左右，捞出沥干备用。

2. 鸡胸肉洗净，放入焯玉米粒的热水中，加入香叶和料酒，大火煮沸后转小火煮15分钟，取出晾凉。

3. 蛋黄放入沙拉碗中，加入蜂蜜，用打蛋器低速混合均匀。

4. 加入橄榄油，高速搅打至油蛋充分混合、蛋液发白。

5. 加入柠檬汁和盐，低速混合均匀，制成蛋黄酱。

6. 荷兰瓜洗净，沥干，用刮皮器削成长的薄片，打成卷儿后摆盘备用。

7. 鸡胸肉用叉子划成均匀的细丝，装盘。

8. 盘中淋入蛋黄酱即成。

🍲 烹饪秘籍

1. 手撕鸡丝比较耗费精力，可以先用叉子划成粗丝，再撕成细丝，又快又匀又省力。
2. 油脂含量太高会影响瘦身效果，故这款沙拉将经典沙拉酱改为低油沙拉酱。

香草乳酪鸡胸沙拉

烹饪时间 ◎ **60**min

难易程度 ◑◐◐

萨巴小语

采用经典又简单的西式鸡胸烤制方法。浓郁的乳酪香辅以番茄的酸味，一口下去，感觉一天的营养和能量都补足了。

营养贴士

很多人谈乳酪色变，认为乳酪高脂、高热量，避之唯恐不及。其实，乳酪号称"奶黄金"，1kg乳酪约由 10 kg 牛奶制成，优质蛋白满满，瘦身期大可放心食用。

材料

鸡胸肉	200g	海盐	1/2 茶匙
新鲜乳酪	50g	罗勒碎	3g
番茄 （2个）200g		黑胡椒碎	3g
芝麻菜	50g	新鲜罗勒叶	2~3 片
橄榄油	1/2 汤匙	柠檬汁	少许

热量参考表

食材	重量 (g)	热量 (kcal)
鸡胸肉	200	266
新鲜乳酪	50	135
番茄	200	30
芝麻菜	50	13
合计		444

做法

1. 将锡纸平铺在烤盘上，薄薄刷上一层橄榄油防粘。

2. 鸡胸肉清洗后沥干水，从中间片开，用肉锤将鸡胸肉捶松后，平铺在烤盘上。

3. 撒入海盐、黑胡椒碎、罗勒碎，腌 20~30 分钟。

4. 将番茄洗净，沥干，去皮切去两头，横切成 0.5cm 厚的片，盖在腌好的鸡胸肉上。

5. 新鲜乳酪挤去水分，撕开放在番茄片上。

6. 烤箱调至上下火 200℃，预热 3 分钟，放入腌好的鸡胸肉，烤制 20 分钟至鸡肉熟透，取出晾凉。

7. 芝麻菜洗净控干水，铺入盘中。剩余番茄边角切碎，铺入盘中备用。

8. 盘中摆入烤好的鸡胸肉和番茄片，淋柠檬汁拌匀，点缀新鲜罗勒叶即成。

烹饪秘籍

1. 鸡胸肉如果比较厚，不容易烤熟，可以横向片开，分成两半，得到两片鸡胸肉。注意进刀时稍慢，保持平稳，不要倾斜，片至一半时可打开看一下，确保薄厚均匀。

2. 用肉锤敲打鸡胸肉，可加快入味速度，同时将稍厚的部位敲软，煎烤时受热会更加均匀。

鸡丝银芽金针沙拉

烹饪时间 ⊙ **30**min

难易程度 🌢🌢🌢

萨巴小语

打卷的鸡丝、嫩白透亮的豆芽、顶着雪白小帽的金针菇，三种纤细素白的食材点缀上鲜红的椒圈，透着围炉赏雪的意境。见之，心情大好；食之，毫无负担。

营养贴士

绿豆芽含有丰富的植物蛋白质和多种维生素，有利尿、降脂的功效，是女性钟爱的配菜，瘦身期可尽情享用。

材料

鸡胸肉	150g	香叶	2~3 片
绿豆芽	100g	料酒	1 汤匙
金针菇	100g	盐	1/2 茶匙
小米辣	1 个	经典油醋汁	20g

热量参考表

食材	重量 (g)	热量 (kcal)
鸡胸肉	150	200
绿豆芽	100	16
金针菇	100	32
经典油醋汁	20	104
合计		352

做法

1. 鸡胸肉洗净，放入约 500ml 冷水，加入香叶和料酒，大火煮沸后转小火煮 15 分钟，关火，加盖闷 10 分钟，取出晾凉。

2. 绿豆芽掐去根须，洗净。金针菇用刀切去根部，只留上段白色部分，洗净。

3. 锅中放入 500ml 水烧开，加少许盐，依次放入绿豆芽、金针菇，热水焯 30 秒至变软，捞出沥干，放入沙拉碗中备用。

4. 晾凉的鸡胸肉用叉子划成均匀的细丝，放入沙拉碗中。

5. 在绿豆芽、金针菇、鸡胸肉丝上加入剩余的盐和经典油醋汁，翻拌均匀。

6. 将拌好的三丝装盘。小米辣洗净，切细圈，点缀在三丝上即成。

烹饪秘籍

本菜品的特点是颜色素白。经典油醋汁调制时建议选用白醋或米醋；也可用柠檬汁替代，效果也会非常好，使菜品口感爽利。

多彩麻辣
总动员

彩椒麻辣鸡丝沙拉

烹饪时间 ◎ **30**min

难易程度 💧💧💧

将麻辣口味的鸡丝沙拉装在三色彩椒碗里。彩椒从视觉上调动着食欲，低热量的食材令人不生负罪感。本餐低脂、维生素含量高，麻辣味成功地调剂了瘦身期的寡淡口味。

🍴 营养贴士

彩椒含有丰富的维生素 C，经常食用能促进新陈代谢，淡化黑斑和雀斑，让皮肤亮白光滑，有很好的美容功效。

💰 材料

鸡胸肉	150g	料酒	1 汤匙
青椒	50g	白芝麻	1 茶匙
黄椒	50g	干辣椒碎	1/2 茶匙
红椒	50g	麻油	1/2 茶匙
去皮熟花生	30g	盐	1/2 茶匙
葱	2 段	橄榄油	1 汤匙
姜	2 大片		

热量参考表

食材	重量 (g)	热量 (kcal)
鸡胸肉	150	200
青椒	50	11
彩椒	100	26
去皮熟花生	30	175
合计		412

👨‍🍳 做法

1. 鸡胸肉洗净，去掉多余脂肪，放入略深的微波容器中，加热水至没过鸡胸肉 1cm。

2. 加入葱段、姜片及料酒，加盖，微波高火 5 分钟至鸡胸肉能被轻松扎透，关火，盖上锅盖，浸泡 10 分钟。

3. 取出鸡肉晾至微凉，撕成细丝，放入沙拉碗中。

4. 彩椒洗净，沥干，从距柄 1/3 处横向剖开，三色彩椒底留作沙拉碗。

5. 将切下的带柄彩椒去柄，切成细丝，放入沙拉碗中备用。

6. 小碗中放入白芝麻、干辣椒碎、麻油、盐，混合拌匀。

7. 炒锅烧热，放入橄榄油烧至九成热，浇在混合好的调料中拌匀，制成调味油，浇在鸡丝、彩椒丝上，搅拌均匀。

8. 拌好的食材分 3 份装入 3 个彩椒沙拉碗中，加入去皮熟花生点缀即成。

🍲 烹饪秘籍

1. 这款调料类似油泼辣子。若是瘦身期食用，可去掉浇油环节，只将调味料混和拌匀即可。

2. 辣椒碎可以根据个人口味酌情增减。

柠煎软排羽衣沙拉

烹饪时间 ◇ **30min**

难易程度 ●●●

萨巴小语

墨绿色打着卷的羽衣甘蓝、烤至金黄的柠檬片、混合着柠檬香气的鸡胸肉，让人赏心悦目。这样的美食，让人越变越美。

营养贴士

羽衣甘蓝营养丰富，富含多种维生素；其含钙量比牛奶还要高，且易被人体吸收。它低热量、高纤维、零脂肪，常食可净化身体。此外，羽衣甘蓝呈深绿色，边缘呈褶状，是各式沙拉的百搭装饰。

材料

鸡胸肉	150g	橄榄油	1 茶匙
羽衣甘蓝	100g	盐	1/2 茶匙
熟核桃仁	50g	料酒	2 汤匙
柠檬	（1个）80g	白砂糖	1 茶匙

热量参考表

食材	重量 (g)	热量 (kcal)
鸡胸肉	150	200
羽衣甘蓝	100	32
熟核桃仁	50	323
柠檬	80	30
合计		585

做法

1. 鸡胸肉洗净，沥干水，用肉锤敲打至松散。

2. 柠檬洗净，用厨房纸巾擦干，从中间横向切开，切下 8 片完整的薄片，剩余挤汁备用。

3. 将剩余柠檬的皮擦屑，果肉挤汁，加料酒、盐、白砂糖均匀涂抹在鸡胸肉上，腌制10 分钟至入味。

4. 羽衣甘蓝去杆，绿叶部分洗净并沥干，分成小片，摆入盘中作为底菜。

5. 平底锅放橄榄油烧热，放入腌好的鸡排，中小火煎 5 分钟至底部微微金黄。

6. 将鸡排翻面再煎 3 分钟，同时放入 8 片柠檬煎至两面金黄后出锅。

7. 鸡排晾至微凉，切成 2cm 宽的长条，和煎好的柠檬片一起码放入盘。

8. 淋少许柠檬汁，放入熟核桃仁点缀即成。

烹饪秘籍

鸡胸肉直接煎口感略柴，用肉锤敲打后再腌渍，更易入味且口感松

卷出来的
欢喜与满足

鸡胸千张卷时蔬沙拉

"卷"是中西餐都常用的食
材处理方式。把喜欢的食材
用一张皮卷在一起，浇上或
蘸上喜欢的酱汁，一口下去，
千般味道在舌尖绽放，满心
欢喜倍感满足。

烹饪时间 ◎ **20min**

难易程度 ●●●○

熟鸡胸肉　　　100g
千张　　　　　100g
胡萝卜　　　　 50g
金针菇　　　　 50g
生菜　　　（4片）50g
盐　　　　　1/2 茶匙
低油蛋黄酱　　 20g

烹饪秘籍

1. 市售千张规格大小不一，分割的宽窄可以根据所包裹食材的长度自行掌握。千张本身可以冷食，过热水能去除豆腥味，使口感更有韧性。
2. 市售熟鸡胸肉是不错的沙拉原料，可以省掉制作鸡肉的时间，把注意力完全放在成品搭配上，一餐沙拉轻松搞定。

做法

1. 熟鸡胸肉用叉子划成细丝备用。

2. 生菜叶洗净，沥干，摆入盘中垫底备用。

3. 胡萝卜洗净，去皮去根，切成细丝。金针菇洗净，切去根部，沥干备用。

4. 千张切成5cm宽的长方形片备用。锅中放适量清水，加少许盐烧开，放入千张焯30秒，捞起沥干备用。

5. 分别将金针菇、胡萝卜丝放入开水锅中焯30秒左右，捞起沥干备用。

6. 取一张千张垫底，依次将鸡丝、胡萝卜、金针菇等食材铺在千张上，卷成直径2cm左右的卷，用牙签固定。

7. 把所有千张卷好后摆盘，小碟中挤适量低油蛋黄酱供蘸食。

营养贴士

千张其实就是北方人俗称的豆腐皮。它不仅具有豆腐高蛋白、富含卵磷脂的特点，而且口感韧性强，味道清淡，不抢其他食物味道的风头，非常适合替代面皮包裹食材。

| 热量参考表 |
食材	熟鸡胸肉	千张	胡萝卜	金针菇	生菜	低油蛋黄酱	合计
重量（g）	100	100	50	50	50	20	
热量（kcal）	133	262	16	16	8	78	513

杏鲍鸡腿芦笋沙拉

烹饪时间 ⏱ **30min**

难易程度

杏鲍菇是公认的口感最像肉的蔬菜。与鸡腿一起烹制，吸收了肉汁的杏鲍菇甚至比肉还要好吃，再搭配有"蔬菜之王"美誉的翠绿欲滴的芦笋，这一餐实在是养眼、养心，亦养人。

杏鲍菇是一种生长于欧洲地中海地区、中东和北非的可食菌类，因口感肥厚似鲍鱼、略带杏仁香而得名。杏鲍菇肉质紧密，富有弹性，具有很高的营养价值，可以提高人体免疫功能、降血脂、润肠胃及美容等。

材料

鸡腿肉	100g	料酒	1 汤匙
杏鲍菇 （1根）	100g	生抽	1/2 汤匙
芦笋	100g	橄榄油	1/2 汤匙
盐	少许	低油蛋黄酱	20g

热量参考表

食材	重量 (g)	热量 (kcal)
鸡腿肉	100	181
杏鲍菇	100	35
芦笋	100	22
低油蛋黄酱	20	78
合计		316

做法

1. 杏鲍菇洗净，切去根部，切成 0.5cm 厚的圆片，加少许盐腌渍备用。

2. 鸡腿肉洗净，切成 0.5cm 厚的片，加入料酒、生抽腌 15 分钟左右。

3. 炒锅烧热，加入橄榄油，放入腌好的鸡腿肉和杏鲍菇，中火炒 2 分钟左右至鸡肉发白、杏鲍菇变软，盛出。

4. 芦笋除去老根，清洗后斜切成长 2cm 左右的小段备用。

5. 锅中放入适量清水，加少许盐和橄榄油烧开，放入芦笋焯 1 分钟左右至变色，捞出沥干备用。

6. 将杏鲍菇、鸡腿肉和芦笋放入沙拉碗中拌匀，淋入低油蛋黄酱，装盘即成。

烹饪秘籍

杏鲍菇吸附能力较强，提前用盐腌可以使其析出水分，不致在后期烹饪时吸收太多的油。为避免过多盐分的摄入，可以挤去腌出的汁水，这样做出的沙拉口味更清淡。

番茄秋葵鸡腿沙拉

烹饪时间 ◎ **30**min

难易程度 🌢🌢🌢

一片片粉嫩鲜红的番茄中，点缀着绿绿的秋葵，再配上美味鸡腿，就是一盘由内及外美容养颜的绝味沙拉！

秋葵原产于非洲和亚洲热带地区，因脆嫩多汁、滑润不腻而成为近年来热门的蔬菜。秋葵富含黄酮，有很好的调节内分泌、抗衰老的功效。同时，秋葵富含维生素 C 和可溶性膳食纤维，具有防止自由基损伤、美白皮肤的功效。

◈ 材料

鸡腿肉	100g		黑胡椒碎	1/2 茶匙
番茄	(1个)100g		盐	1/2 茶匙
秋葵	100g		橄榄油	1/2 汤匙
料酒	1 汤匙		低油蛋黄酱	20g

热量参考表

食材	重量 (g)	热量 (kcal)
鸡腿肉	100	181
番茄	100	15
秋葵	100	25
低油蛋黄酱	20	78
合计		299

🍳 做法

1. 鸡腿肉洗净，沥干水，切成 2cm 见方的小块，加料酒、少许黑胡椒碎和盐腌渍 10 分钟。

2. 小锅中加 500ml 清水烧开，番茄洗净去蒂，放水沸水中焯 10 秒后取出，撕去皮，切片，摆盘备用。

3. 烫过番茄的水中加少许盐和橄榄油，放入洗净沥干的秋葵焯 1 分钟至微软，捞出沥干。

4. 焯好的秋葵切去根部，切成 1cm 长的小段，摆入盘中备用。

5. 炒锅烧热后加入剩余橄榄油，将腌好的鸡腿肉倒入，翻炒 2~3 分钟，盖锅盖焖熟。

6. 将鸡腿肉摆入盘中，挤上低油蛋黄酱即成。

🍴 烹饪秘籍

1. 秋葵越老越光滑，尖越硬，所以要选择表面绒毛多、尖部较软的秋葵。
2. 清洗秋葵时要小心它身上的毛，虽然不太硬，但扎在手上还是很痛的。

椒香浓郁
叶如花

黑椒鸡柳胡萝卜沙拉

烹饪时间 ⏱ **30**min

难易程度 💧💧💧

萨巴小语

嫩黄的鸡蛋、橙黄的胡萝卜和椒香浓郁的鸡柳置身羽衣甘蓝深绿色的褶皱中，黑胡椒点缀其间——健康沙拉也可以如此美丽。

营养贴士

羽衣甘蓝中膳食纤维和维生素 C 含量之丰富，在叶菜中实属少见，可与西蓝花相媲美，是沙拉食材中新晋的百搭款。

材料

鸡里脊	100g	黑胡椒碎	1 茶匙
胡萝卜	100g	盐	1/2 茶匙
鸡蛋	（1个）60g	橄榄油	1 汤匙
羽衣甘蓝	50g		

热量参考表

食材	重量（g）	热量（kcal）
鸡里脊	100	113
胡萝卜	100	32
鸡蛋	60	86
羽衣甘蓝	50	16
合计		247

做法

1. 鸡里脊洗净，控干，切成小手指粗细的鸡柳，加入盐、料酒和一半黑胡椒碎充分混合，腌渍 10 分钟至入味。

2. 小锅中放入没过鸡蛋的清水，将鸡蛋煮熟，过凉水后去皮，切成 4 瓣备用。

3. 羽衣甘蓝洗净，沥干，去除茎和杆，掰成小片，撒少许盐和橄榄油轻揉至微软，垫入盘中备用。

4. 胡萝卜洗净，去皮，切成手指粗细的狼牙条，放入微波碗中，加少许橄榄油和盐，放入微波炉高火加热 2 分钟左右，至胡萝卜变得微软后取出。

5. 煎锅中放入剩余橄榄油烧热，放入腌制好的鸡柳，大火炒至鸡肉发白，盛出。

6. 所有食材摆入盘中，将煎出的汤汁作为沙拉汁浇在上面，撒上剩余黑胡椒碎即成。

烹饪秘籍

羽衣甘蓝的茎和杆略带苦味，做沙拉时应尽量将其去除。用橄榄油和盐揉搓羽衣甘蓝，也可去除其苦味；若再加少许柠檬汁，效果更好。

豉油鸡腿西蓝花沙拉

烹饪时间 ⊙ **30min**

难易程度 🌢🌢🌢

没有缤纷的色彩，无须更多的装饰，豉香浓郁的鸡肉配上朴实墨绿的西蓝花，这样一道低调却高能的菜品，放心吃就是了。

营养贴士

豆豉含有丰富的蛋白质，能提供人体所需的多种氨基酸、矿物质和维生素等营养物质，并以其特有的香气激发人们的食欲。

材料

鸡腿肉	100g	料酒	1 汤匙
西蓝花	200g	绵白糖	1/2 茶匙
枸杞	（7~8颗）5g	生粉	1/2 茶匙
蒸鱼豉油	1/2 汤匙	姜丝	10g
豆豉	10g	葱	20g

热量参考表

食材	重量 (g)	热量 (kcal)
鸡腿肉	100	181
西蓝花	200	72
合计		253

做法

1. 鸡腿肉洗净，依次放入蒸鱼豉油、豆豉、料酒、绵白糖、生粉拌匀，腌制20分钟。

2. 葱洗净，斜刀切成0.5cm厚的大片。姜去皮，切成薄片。将葱姜片铺到深盘底部，上面放入腌好的鸡腿肉。

3. 蒸锅加足量水烧开，放入深盘蒸10分钟左右至鸡肉能用筷子轻松插透，取出放至微凉。

4. 将西蓝花洗净，切成小朵，在烧开的水中焯1分钟左右，捞出沥水备用。

5. 将蒸好的鸡腿肉放在案板上，切成适口大小备用。

6. 将西蓝花和鸡腿肉放入沙拉碗中，倒入蒸鸡腿的汤汁翻拌均匀，点缀洗净的枸杞即成。

烹饪秘籍

1. 豉油鸡腿的关键环节是腌制，如有条件，可用保鲜膜将涂好腌料的鸡腿包起来，放到冰箱中冷藏一夜，中途最好翻面一次，这样鸡肉会更入味一些。

2. 为提高效率和方便取食，可以一次性多做几只鸡腿，每次取用一只，配上蔬菜就可以拌成沙拉。

玉米鸡丁牛油果沙拉

烹饪时间 **30**min

难易程度 🌢🌢🌢

清爽的鸡丁、嫩黄的玉米、娇艳多汁的番茄被牛油果酱包裹起来，多了几分奶油般丝滑的口感和淡淡的柠檬香气，这种味道缠绵在口中，让人心头幸福涌动！

营养贴士

牛油果中不饱和脂肪酸含量高，抗氧化的功效强于一般水果，有美容养颜、延缓衰老的作用。不饱和脂肪酸还能清除血管中的低密度脂蛋白，堪称心血管的卫士。

材料

鸡腿肉	100g	生抽	1/2 汤匙
牛油果	（1个）100g	橄榄油	1/2 汤匙
玉米粒	50g	酸奶	50g
樱桃番茄	50g	黑胡椒碎	1/2 茶匙
料酒	1/2 汤匙	柠檬汁	几滴

热量参考表

食材	重量(g)	热量(kcal)
鸡腿肉	100	181
牛油果	100	171
玉米粒	50	40
樱桃番茄	50	13
酸奶	50	36
合计		441

做法

1. 鸡腿肉洗净，切成 1cm 见方的小丁，加料酒、生抽腌制 10 分钟。

2. 炒锅烧热，放入橄榄油烧至八成热，加入腌好的鸡丁翻炒 2~3 分钟至其发白。

3. 牛油果洗净，对半切开，去除果核，用勺子贴果皮挖出果肉。

4. 将一半牛油果肉切成 1cm 见方的小丁，滴入几滴柠檬汁避免氧化。

5. 另一半牛油果肉捣碎，加柠檬汁、酸奶、黑胡椒碎、盐制成牛油果酱备用。

6. 玉米粒放入煮沸的淡盐水中焯 1 分钟，捞出沥水备用。

7. 樱桃番茄去蒂洗净，每个切成 4 瓣。

8. 将鸡丁、牛油果丁、樱桃番茄、玉米粒一起放入沙拉碗中，拌匀后淋上牛油果酱即成。

烹饪秘籍

牛油果肉色泽鲜艳但非常容易被氧化，无论用作食材，还是做成酱料，都要放几滴柠檬汁，避免被氧化，同时可以增加清爽的口感。

活色生香
调色盘

三色彩椒鸡腿丁沙拉

烹饪时间 ⊙ **20**min

难易程度 ◗◗◗

萨巴小语

青、红、黄三色彩椒本已夺目，放在紫甘蓝浓重的底色上，素白的鸡肉好像置身于调色盘中，顿时活色生香。这样一道沙拉进肚，有没有感觉自己的颜值都提升了？

营养贴士

彩椒是甜椒的一种，它热量低，维生素 A 和维生素 C 的含量高。彩椒具有较强的抗氧化功能，可淡化色斑。它含有的椒类碱能够促进脂肪的新陈代谢，有效防止脂肪在人体内围积，是各类瘦身沙拉中的"万能配角"。

材料

鸡腿肉	100g	料酒	1 汤匙
青椒	50g	姜	2 片
红椒、黄椒	各50g	盐	少许
紫甘蓝	50g	低油蛋黄酱	20g

热量参考表

食材	重量 (g)	热量 (kcal)
鸡腿肉	100	181
青椒	50	11
彩椒	100	26
紫甘蓝	50	13
低油蛋黄酱	20	78
合计		309

做法

1. 鸡腿肉洗净，控干，切成2cm 见方的小丁。

2. 小锅中放入能没过鸡肉的水，加料酒、姜片烧开，放入鸡丁余烫 2 分钟左右，捞出沥水备用。

3. 彩椒洗净，去蒂、籽，各切出两个完整椒圈，剩余切成 2cm 见方的小片，加少许盐腌渍片刻至微微出水。

4. 紫甘蓝洗净，沥干，切成细丝，垫入盘底备用。

5. 将彩椒丁和烫熟的鸡丁混合均匀，放在紫甘蓝上。

6. 淋入低油蛋黄酱，上面用完整彩椒圈装饰即成。

烹饪秘籍

鸡腿肉比鸡胸肉味道好的原因是鸡腿肉脂肪含量高于鸡胸肉。处理时可以去除鸡腿的皮，以及肉眼可见的肥油。

香煎三文鱼芦笋沙拉

烹饪时间 ◎ **20min**

难易程度 🌢🌢🌢

深海鱼是个好东西，儿童吃了补脑，姑娘吃了驻颜，老人吃了护心。三文鱼又是深海鱼中的颜值担当，无论生食还是煎煮，口感都如奶油般滑顺，和蔬菜搭配食用，每一口都是享受。

三文鱼中含有一种强效抗氧化成分——虾青素，它抗氧化能力强，能有效抗击自由基，延缓皮肤衰老，同时还能够保护皮肤免受紫外线的伤害。

材料

三文鱼	150g	盐	1/2 茶匙
芦笋	100g	橄榄油	1/2 汤匙
樱桃萝卜	50g	柠檬汁	少许
黑胡椒碎	1/2 茶匙		

热量参考表

食材	重量 (g)	热量 (kcal)
三文鱼	150	209
芦笋	100	22
樱桃萝卜	50	10
合计		241

做法

1. 三文鱼洗净，用厨房纸巾沾干表面，加少许黑胡椒碎、1/3 的盐腌制 10 分钟。

2. 煎锅烧热，加入橄榄油，放入三文鱼，中火煎 30 秒左右至鱼肉侧面发白，迅速翻面，再煎 10 秒左右后起锅。

3. 芦笋洗净，切去老根部分，切成寸段备用；樱桃萝卜去蒂，洗净，切成薄片。

4. 锅中放入适量清水，加 1/3 盐烧开，放入芦笋焯 1 分钟左右，捞出沥水备用。

5. 煎好的三文鱼和焯好的芦笋摆盘，加入樱桃萝卜薄片点缀。

6. 淋柠檬汁，根据个人口味撒入剩余黑胡椒碎和盐即成。

烹饪秘籍

1. 三文鱼本身可以生食，煎制时注意不要煎老，可根据鱼的厚度和火候，将一面煎制时间控制在 30 秒左右。

2. 三文鱼本身带点儿淡淡的甜味，烹制时只用少许盐腌渍即可，加入过多盐会掩盖鱼本身的鲜美味道。

青柠三文鱼乳酪沙拉

烹饪时间 ◎ **20**min

难易程度 ◆◆◆

这是一款简单、清爽，适合夏季吃的沙拉。微薄透亮的黄瓜片、鲜艳媚惑的三文鱼片，混合着浓郁的奶香和清爽的柠檬香，看着就让人莫名沉醉。只有开瓶起泡酒，才配得上这夏日的沙拉时光。

营养贴士

乳酪浓缩了牛奶的精华，其蛋白质含量是鲜奶的 8.5 倍，钙含量是鲜奶的 3.6 倍。由于乳酪是牛奶发酵制品，所含的益生菌还有分解脂肪的功效，因此在瘦身期选用低脂乳酪作为沙拉配菜，完全不必担心摄入热量过多。

材料

三文鱼	150g	青柠檬	40g
低脂乳酪	30g	黑胡椒碎	少许
黄瓜	150g	盐	少许

热量参考表

食材	重量(g)	热量(kcal)
三文鱼	150	209
低脂乳酪	30	72
黄瓜	150	24
青柠檬	40	15
合计		320

做法

1. 青柠檬洗净，切成两半，一半切成薄片，一半挤汁备用。

2. 黄瓜洗净，切去两头，用刮刀刨成长薄片，卷成卷儿，摆盘备用。

3. 三文鱼洗净，用厨房纸巾揿干表面，切成厚 0.5cm 左右的薄片，加一半青柠汁腌制 10 分钟，摆盘。

4. 低脂乳酪用刨刀刨成薄片，均匀撒在三文鱼上。

5. 淋柠檬汁，放入切好的青柠薄片点缀。

6. 根据个人口味撒入适量黑胡椒碎和盐，拌匀即成。

烹饪秘籍

生食三文鱼，选材是关键。新鲜的三文鱼色泽鲜明，呈柔和的橙红色，脂肪分布如大理石纹路，摸上去肉质富有弹性，按下去会慢慢复原；不新鲜的三文鱼肉质缺乏弹性。

三文鱼甜豆荚豌豆苗沙拉

烹饪时间 ◎ **20**min

难易程度 ●●●

这是三文鱼的清蒸吃法，搭配着生长在春天里的甜豆荚和豌豆苗，画风唯美，出自谁手？一时恍若梦回宋朝，有人吟诵答曰：知否，知否？应是绿肥红瘦。

甜豆荚和豌豆苗两种蔬菜均富含维生素 C，丰富的膳食纤维具有促进大肠蠕动、润肠通便的功效，是美容养颜的上佳时蔬，拌成沙拉能较大限度地保留其中的营养成分。

🅢 材料

三文鱼	150g	蒜	3~4 瓣
甜豆荚	100g	蒸鱼豉油	1/2 茶匙
豌豆苗	50g	白砂糖	少许
生姜	30g	盐	少许

热量参考表

食材	重量 (g)	热量 (kcal)
三文鱼	150	209
甜豆荚	100	32
豌豆苗	50	16
合计		257

👨‍🍳 做法

1. 甜豆荚撕去两侧老筋，洗净备用；豌豆苗掐去根部，洗净后沥干备用。

2. 生姜洗净，去皮，切成细丝，取一深盘将姜丝垫在底部。

3. 三文鱼洗净，用厨房纸巾擦干表面，整块放入盘中姜丝上。

4. 蒸锅加入 500ml 左右清水烧开，放少许盐，先放入甜豆荚焯 2 分钟左右至变得翠绿，捞出放入凉水中过凉。

5. 三文鱼放入蒸锅，大火蒸 5 分钟左右，取出备用。

6. 蒸鱼汁倒入小碗，放入蒜末、蒸鱼豉油和白砂糖，拌匀制成蒸鱼酱汁。

7. 洗净的豌豆苗摆入盘中，放入焯好的甜豆荚和蒸好的三文鱼。

8. 浇上蒸鱼酱汁即成。

🍲 烹饪秘籍

清蒸三文鱼要把控好火候，欠则半生，过则略柴，大火 5 分钟刚刚好。当然，还要根据鱼的厚度进行微调，以蒸至两端微微翘起为准。

金枪鱼番茄牛油果沙拉

烹饪时间 ⏱ **20min**

难易程度 🌑🌑🌑

谁说水浸金枪鱼口感似猫粮？那是没遇到牛油果。奶油般丝滑的牛油果，经过酸奶调制，和金枪鱼混合在一起，满口浓郁润滑，实现瘦身、美容双功效。

金枪鱼的脂肪含量非常低，热量也相对较低，富含优质蛋白质等营养成分。瘦身期选用金枪鱼为主食材，不但可以保持苗条的身材，还可以平衡身体所需的营养，是女性轻松减肥的理想选择。

🥗 材料

水浸金枪鱼	130g	柠檬汁	1/2 汤匙
牛油果	100g	酸奶	50g
樱桃番茄	80g	黑胡椒碎	1/2 汤匙

热量参考表		
食材	重量（g）	热量（kcal）
水浸金枪鱼	130	137
牛油果	100	171
樱桃番茄	80	20
酸奶	50	36
合计		364

👨‍🍳 做法

1. 樱桃番茄去蒂、洗净，控干，每个切成4瓣备用。

2. 牛油果洗净，对半切开，去除果核，用勺子贴果皮挖出果肉。

3. 取一半牛油果，平面朝下切成0.5cm厚的半圆形薄片，滴入几滴柠檬汁避免氧化。

4. 另一半牛油果捣碎，加酸奶、黑胡椒碎和剩余柠檬汁，制成牛油果酱备用。

5. 金枪鱼罐头控干水，取出鱼肉用叉子撕碎。

6. 将金枪鱼、牛油果和樱桃番茄放入沙拉碗中，淋入制成的牛油果酱，拌匀即成。

🍳 烹饪秘籍

市售金枪鱼罐头分为油浸金枪鱼和水浸金枪鱼，瘦身期应远离油浸金枪鱼。金枪鱼罐头含盐分，和沙拉搭配无须额外加盐，但也可根据个人口味适当添加少许盐。

金枪鱼苦苣西蓝花沙拉

烹饪时间 ◎ **20min**

难易程度 ◆◆◆

蛋白质满满的金枪鱼,再加上西蓝花和苦苣,成为一个高纤、低脂、高蛋白组合,丰富的层次尚且回味在唇齿之间,身体已经感觉轻

营养贴士

金枪鱼中含有丰富的铁、维生素 B12 和多种必需氨基酸,极易被人体吸收。经常食用金枪鱼,能补充铁元素,预防贫血,是女性必备的瘦身养生食材。

材料

水浸金枪鱼 (1罐)	130g
西蓝花	100g
苦苣	50g
盐	少许

黑胡椒碎	少许
橄榄油	1/2 汤匙
柠檬汁	少许

热量参考表

食材	重量(g)	热量(kcal)
水浸金枪鱼	130	137
西蓝花	100	36
苦苣	50	28
合计		201

做法

1. 西蓝花去根,掰成小朵,流水洗净备用。苦苣洗净,撕成小片,摆入盘中备用。

2. 小锅中放入两倍于西蓝花的水,加少许盐烧开,放入西蓝花焯 1 分钟左右至变成深绿色,捞出沥水备用。

3. 金枪鱼洗净,用厨房纸巾揾干,两面撒上少许盐和黑胡椒碎,腌 10 分钟左右。

4. 煎锅放入橄榄油加热,放入腌好的金枪鱼,小火煎 2 分钟左右至鱼身侧面泛白,翻面再煎 2 分钟后取出。

5. 金枪鱼切成 1cm 厚的长片,和焯熟的西蓝花一起摆盘。

6. 淋上柠檬汁,根据个人口味,撒入剩余盐和黑胡椒碎,拌匀即成。

烹饪秘籍

金枪鱼易熟,煎制时可调至中小火。根据鱼肉厚度,每面煎 2 分钟左右即可,以切开时中间微生为准,这样口感会更鲜嫩,不会因变柴而影响口感。

金枪鱼蛋鹰嘴豆沙拉

烹饪时间 ⊙ **20min**（不含泡豆时间）

难易程度 　🌢🌢

金枪鱼的鲜嫩混杂着芝麻的醇香，鹰嘴豆的软糯搭配鸡蛋的软熟，美好的食物总是这么简单，却让人由衷地感到满足。

材料

水浸金枪鱼	(1罐)130g	柠檬醋	1/2 汤匙
鹰嘴豆	50g	白砂糖	少许
鸡蛋	(1个)60g	橄榄油	少许
盐	少许	洋葱	30g
生抽	1/2 汤匙	芝麻	少许

营养贴士

鹰嘴豆也叫桃尔豆、鸡心豆，是印度和巴基斯坦的重要作物之一。与其他豆类相比，鹰嘴豆的蛋白质含量很高，有"豆中之王"的美誉。鹰嘴豆还含有丰富的大豆异黄酮，它号称植物性类雌激素，常吃能延迟细胞衰老，保持皮肤弹性，预防女性更年期综合征。

热量参考表		
食材	重量 (g)	热量 (kcal)
水浸金枪鱼	130	137
鹰嘴豆	50	170
鸡蛋	60	86
洋葱	30	12
合计		405

做法

1. 鹰嘴豆洗净，加两倍量清水，提前 1 天泡好。

2. 锅中放入与鹰嘴豆等量的清水，加少许盐，烧开后放入泡发的鹰嘴豆，煮 20 分钟左右至豆子变得软糯。

3. 另起一锅，放入适量清水，放入鸡蛋煮熟，剥壳，切成 1cm 见方的小丁备用。

4. 金枪鱼罐头控干，取出鱼肉切成 1cm 见方的小丁。

5. 洋葱去皮，洗净，切成细碎小粒，加入生抽、柠檬醋、白砂糖和橄榄油搅匀制成酱汁。

6. 将鹰嘴豆、鸡蛋丁、金枪鱼丁放入沙拉碗中，淋入酱汁拌匀，装盘即成。

烹饪秘籍

鹰嘴豆比较致密，处理时一定要提前浸泡 12 小时以上，浸泡时间越久，越易煮熟。煮的时候应小火慢煮，性急的小伙伴可以选用高压锅烹制。

黑椒番茄龙利鱼沙拉

烹饪时间 ⏱ **30**min

难易程度 💧💧💧

番茄是个神奇的存在，和不同食物搭配，能激发出不同的美味。"番茄＋龙利鱼"的组合，酸甜可口，香浓美味，令人欲罢不能，越吃越瘦。

龙利鱼无骨无刺，味道鲜美、口感爽滑，肉质久煮不老、紧而不柴，且高蛋白、低脂肪，富含维生素和不饱和脂肪酸，是低调的驻颜高手。

🥬 材料

龙利鱼	150g	橄榄油	1/2 汤匙
番茄	200g	白砂糖	1/2 茶匙
生菜	（4片）50g	生抽	1/2 汤匙
生姜	20g	黑胡椒碎	1/2 茶匙
料酒	1 茶匙		

热量参考表

食材	重量（g）	热量（kcal）
龙利鱼	150	145
番茄	200	30
生菜	50	8
合计		183

👨‍🍳 做法

1. 龙利鱼块置于室温下解冻，用冷水冲去浮冰，沥干，用厨房纸巾揩干表面。

2. 番茄去蒂，洗净，在顶部划十字刀。生菜去根，洗净，掰成小片，装盘备用。

3. 生姜洗净，去皮，切成细丝备用。

4. 解冻后的龙利鱼切 3cm 见方的块，放入料酒和一半姜丝腌制 15 分钟去腥。

5. 锅中放入适量清水烧开，放入番茄烫 1 分钟，捞出后去皮，一半切成大片摆盘，一半切成碎丁备用。

6. 腌好的龙利鱼和姜丝一起放入焯过番茄的开水中汆烫 1 分钟左右，至鱼肉变白后捞出，放入盘中。

7. 炒锅烧热，放入橄榄油，放入剩余姜丝炒香，加番茄碎炒出汁水，依次放入白砂糖、生抽和一半黑胡椒碎，制成黑椒番茄酱汁。

8. 将黑椒番茄酱汁浇在汆好的龙利鱼块上，翻拌均匀，撒上剩余黑胡椒碎点缀即成。

🍳 烹饪秘籍

1. 市售龙利鱼大多是冷冻的，需要提前在室温下解冻，切记不可放入热水中解冻，如时间不充裕，可用冷水浸泡解冻。

2. 将龙利鱼过开水汆烫，可去除冰冻食品产生的浮沫，使肉质更加鲜嫩清爽。

龙利鱼柳芝麻菜沙拉

烹饪时间 **20**min

难易程度 ●●●

084

古人形容美女，谓之"明眸善睐，巧笑嫣然"。眼睛是心灵的窗口。这款素白鲜嫩的龙利鱼，加上高纤高钙的黑芝麻和芝麻菜，能给你一双明眸善睐的美目。

营养贴士

龙利鱼有"护眼鱼肉"的美称，由于它含有 n-3 脂肪酸，能有效抑制眼睛里自由基的形成，降低晶体炎症的发病率，因此特别适合久盯屏幕的上班族食用。

材料

龙利鱼	150g	橄榄油	1/2 汤匙
樱桃番茄	50g	芝麻油	3~5 滴
芝麻菜	50g	白砂糖	1/2 茶匙
熟黑芝麻	10g	生抽	1/2 汤匙
料酒	1 茶匙	白醋	少许

热量参考表

食材	重量 (g)	热量 (kcal)
龙利鱼	150	145
樱桃番茄	50	13
芝麻菜	50	13
熟黑芝麻	10	56
合计		227

做法

1. 将龙利鱼块置于室温下解冻，用冷水冲去浮冰，沥干，厨房纸巾擦干表面。

2. 将龙利鱼切成手指宽的鱼柳，加少许盐和料酒腌 10 分钟左右。

3. 樱桃番茄洗净，去蒂，切成薄片备用。芝麻菜洗净，沥干，撕成小片备用。

4. 煎锅中放入橄榄油加热，放入腌好的龙利鱼柳，中火煎 2 分钟左右至鱼柳泛白，取出备用。

5. 将芝麻油、白砂糖、生抽和少许白醋调成酱汁。

6. 将龙利鱼柳、樱桃番茄、芝麻菜放入沙拉碗中，加入调好的酱汁，撒入熟黑芝麻，拌匀即成。

烹饪秘籍

龙利鱼肉质鲜嫩，非常易熟，故煎制时要注意控制时间，时间过长肉质会变散或变柴，影响口感。

筋道水嫩
润肠亮肤

芦荟魔芋龙利鱼沙拉

烹饪时间 ⏱ **30**min

难易程度 🌢🌢🌢

透明的食材入菜，外观剔透，口感清爽。透明的芦荟、弹牙的魔芋、素白的龙利鱼，吃完让人恍惚有身轻如燕、飘飘欲仙的感觉。

🍴 营养贴士

芦荟被称为"神奇的植物"。芦荟中的黏液可预防细胞老化和治疗慢性过敏，芦荟所含的多糖和多种维生素对人体皮肤有良好的营养、滋润、增白作用。

💲 材料

龙利鱼	150g	料酒	1/2 汤匙
芦荟	100g	生抽	1/2 茶匙
魔芋结	100g	白砂糖	1/2 茶匙
香葱	3~4 根	橄榄油	1/2 茶匙
红辣椒	1 个	白醋	少许
盐	少许		

热量参考表		
食材	重量 (g)	热量 (kcal)
龙利鱼	150	145
芦荟	100	24
魔芋结	100	12
合计		181

👨‍🍳 做法

1. 将龙利鱼块置于室温下解冻，用冷水冲去浮冰，沥干，用厨用纸巾擦干表面，两面抹少许盐和料酒腌 10 分钟左右。

2. 香葱洗净，葱白切段后摆入鱼盘，葱绿切细丝。红辣椒洗净，切成细丝。葱绿丝和红辣椒丝用冷水浸泡。

3. 腌好的龙利鱼放入鱼盘，加入剩余料酒。蒸锅中放入足量水烧开，放入鱼盘，大火蒸 5 分钟，关火盖盖，利用余温加热片刻后取出。

4. 芦荟片切去叶片两端，洗净，去除两边的刺和皮，用刀剔下芦荟肉，切成 2cm 宽的长条。

5. 锅中放入 500ml 左右清水烧开，放入洗净的魔芋结，焯 1 分钟后捞出，过冷水，沥干备用。

6. 热水锅中再放入芦荟，焯 2 分钟后捞出，过冷水，沥干备用。

7. 蒸鱼汤汁倒入小碗，加入少许生抽、白醋、橄榄油、白砂糖调成酱汁。

8. 蒸好的龙利鱼切成 2cm 宽的小段，和焯好的魔芋结和芦荟片一起放入沙拉碗中，倒入酱汁拌匀，加红辣椒丝、葱丝装饰即成。

🍳 烹饪秘籍

水烧开后将鱼放入蒸锅，蒸 3 分钟后取出，将蒸出的汁水倒掉，然后再放入锅中继续蒸 2 分钟。这样可以保证鱼熟后不腥，汤汁清亮没有浮沫。用蒸鱼汁调制的酱汁，味道更加鲜美，胜过市售酱汁。

杧果香煎银鳕鱼沙拉

烹饪时间 ◎ **20**min

难易程度 ◆◆◆

银鳕鱼肉质细嫩，只简单煎一下，就会外香里嫩，再配上点儿杧果，酸甜可口，美不胜收！

材料

鳕鱼	150g	蒸鱼豉油	1/2 汤匙
杧果	100g	黑胡椒碎	1/2 茶匙
红椒	50g	料酒	1/2 汤匙
黄椒	50g	柠檬醋	1/2 汤匙
盐	1/2 茶匙	橄榄油	1 汤匙
白砂糖	少许		

营养贴士

鳕鱼有"液体黄金"之称，营养价值极高。它刺少，肉质紧实，味道鲜美，蛋白质含量高于一般海鱼，且脂肪含量极低，属于低胆固醇、高蛋白、营养易被人体吸收的优质海鱼。

热量参考表

食材	重量 (g)	热量 (kcal)
鳕鱼	150	255
杧果	100	35
红椒	50	13
黄椒	50	13
合计		316

做法

1. 鳕鱼洗净，用厨房纸巾擦干表面，两面抹少许盐和蒸鱼豉油腌制 5 分钟左右。

2. 杧果洗净，横向片成两半，去核，在果肉上划十字格，取出 2cm 见方的小块果肉，剩余杧果肉用勺子取出，捣成泥，加入剩余盐和一半黑胡椒碎备用。

3. 红椒、黄椒洗净，去蒂、籽，切成 2cm 见方的小块备用。

4. 平底锅烧热，放入橄榄油，再放入鱼块，煎半分钟后翻面，观察颜色，至表面变黄即可出锅。

5. 煎鱼的锅中放入杧果泥，加入料酒、柠檬醋和白砂糖，小火煎至微微起泡，即成杧果酱汁。

6. 将煎好的鳕鱼和红椒块、黄椒块一起摆盘，淋入杧果酱汁，拌匀即成。

烹饪秘籍

1. 新鲜的鳕鱼冷冻状态下应平滑、雪白，肉质细腻丰润，化开后指压有弹性，煎制时容易成型。不新鲜的鳕鱼则呈现肉色，购买时应注意分辨。

2. 煎制时将鳕鱼皮朝下入锅煎，更容易成型。

桂花莲藕蒸鳕鱼沙拉

烹饪时间 ◎ **20**min

难易程度 ◆◆◆

萨巴小语

秋冬季节莲藕上市，桂花飘香。清蒸海鱼的鲜美，加上莲藕的爽脆和鲜桂花的清香，真是养眼养身，沁人心脾呢！

营养贴士

藕中含有黏液蛋白和膳食纤维，能与食物中的胆固醇结合，加速其排出。桂花可化痰止咳，去除口中异味。藕与桂花组合可拒秋膘，防秋燥。

材料

鳕鱼	150g	姜丝	10g
莲藕	100g	盐	1/2 茶匙
荷兰豆	50g	料酒	1/2 汤匙
鲜桂花	5g	白醋	1/2 汤匙

热量参考表

食材	重量 (g)	热量 (kcal)
鳕鱼	150	255
莲藕	100	47
荷兰豆	50	15
合计		317

做法

1. 鳕鱼块置于室温下解冻，用冷水冲去浮冰，用厨房纸巾擦干表面，两面抹盐（少许）、料酒和姜丝腌 10 分钟左右。

2. 鲜桂花洗净沥干，撒少许盐腌渍片刻备用。

3. 莲藕冲洗干净，去皮后切成 2mm 厚的薄片，过凉水备用。荷兰豆去两边老筋，洗净备用。

4. 蒸锅放 500ml 左右清水烧开，放入莲藕、荷兰豆焯 1 分钟左右至断生，捞出后浸入冷水中备用。

5. 蒸锅上屉，将腌好的鳕鱼放入鱼盘中，再将鱼盘放入蒸锅，大火蒸 5 分钟后取出摆盘。

6. 将莲藕、荷兰豆捞出沥水，加入白醋和剩余盐拌匀后摆盘，撒入桂花点缀即成。

烹饪秘籍

1. 为了保持素白的颜色，腌制鳕鱼时不放生抽，仅用少许盐加姜腌渍，可保持口感清爽。

2. 通常入菜都会选用糖桂花，但糖桂花黏黏的，颜色不够黄嫩，香气也不够浓郁。可以将鲜桂花用一点儿盐腌成咸桂花，速冻起来，用前加水泡一下，咸味变淡，而香气依旧迷人。

圈圈
"鱿"美味

番茄洋葱鱿鱼圈沙拉

烹饪时间 ⏱ **20min**

难易程度 🔴🔴

手工切成的鱿鱼圈，每一个都肥厚饱满，滑嫩爽口。越是简单的做法，越能凸显鱿鱼的鲜美，配上洋葱圈、青椒圈和番茄片，就是低脂肪、高营养的美食，制作省时却不减品质。

营养贴士

鱿鱼是高蛋白、低脂肪的海鲜类食材，含有大量的铁元素和牛磺酸。铁可以提升人体的造血功能，补血功效非常明显；牛磺酸可以抑制血液中的胆固醇含量，清肝明目。女性多吃鱿鱼可以明眸善睐，唇红齿白，面若桃花。

材料

鲜鱿鱼	150g	料酒	1/2 汤匙
洋葱	50g	姜丝	10g
青椒	80g	经典油醋汁	20g
番茄	100g	盐	少许

热量参考表

食材	重量 (g)	热量 (kcal)
鲜鱿鱼	150	113
洋葱	50	20
青椒	80	18
番茄	100	15
经典油醋汁	20	104
合计		270

做法

1. 鲜鱿鱼去头、内脏洗净，撕去表面红褐色表皮，不要剪开筒身，直接切成1cm宽的鱿鱼圈。

2. 鱿鱼圈中加入姜丝和少许盐腌制15分钟左右去腥。

3. 洋葱去皮，切圈备用。青椒洗净，去蒂、籽，横切成青椒圈备用。番茄洗净，去皮，切片备用。

4. 锅中放入适量清水，加料酒，烧开，放入鱿鱼圈，关火闷2分钟后捞出沥水备用。

5. 将鱿鱼圈、洋葱圈、青椒圈放入沙拉碗中，加入经典油醋汁，翻拌均匀。

6. 将切好的番茄片垫入盘底，加入拌好的食材即成。

烹饪秘籍

1. 清洗鱿鱼时注意不要把鱼身弄碎，完整的鱿鱼圈令成菜更美观。鱿鱼须和边角也不要浪费，可以切碎留至炒饭时使用。

2. 鱿鱼圈焯水要快，除上述开水闷熟法之外，还可以将鱿鱼放入滚开的水中焯30~40秒，然后迅速捞出。这样处理过的鱿鱼不容易老，口感更鲜嫩。

"鱿"其喜欢你

泰式荷兰豆鱿鱼沙拉

烹饪时间 ⊙ **20**min

难易程度 ◢◢◢

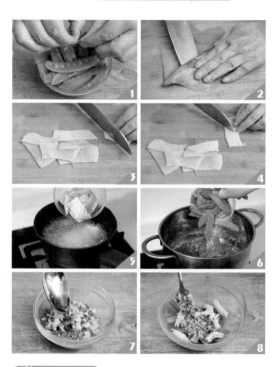

萨巴小语

鱿鱼花绽放在舌尖，鲜香美味又弹牙。荷兰豆透着本真味道，清香爽脆又高纤。这样两种食材，经酸辣的泰式酱汁调配，让人如何不喜欢？

营养贴士

鱿鱼富含蛋白质、钙和人体所需的多种微量元素，其富含的钙、硒和肽等能补充人体钙的流失，促进骨骼发育，经常食用能滋阴养颜，延缓衰老。

材料

鱿鱼	200g	蒜	3~4 瓣
荷兰豆	100g	鱼露	1/2 汤匙
香芹	20g	柠檬汁	1/2 汤匙
洋葱	20g	白砂糖	1/2 茶匙
小米辣	1 个		

热量参考表

食材	重量 (g)	热量 (kcal)
鱿鱼	200	150
荷兰豆	100	30
香芹	20	3
洋葱	20	8
合计		191

做法

1. 荷兰豆撕去两端老筋，洗净。小米辣洗净，去籽，切细圈。香芹洗净，去叶切碎。洋葱去皮，切碎丁。蒜去皮洗净，切碎末备用。

2. 将鱿鱼去头、内脏洗净，用刀从侧面将鱿鱼筒剖开，成一个长方形大片，分成手指宽的几个长条。

3. 取一片鱿鱼，内侧向上放在案板上，从长边一角开始，刀与案板间保持45°角，每隔 0.2cm 切一刀，保证底部相连，不要切断。

4. 一个方向切好后旋转 90°，将刀直立，同样每隔 0.2cm 切一刀，同样保证底部相连、不切断。

5. 锅中放入适量清水烧开，将切好的鱿鱼片入锅中焯 30~40 秒，至鱿鱼打卷后捞出，沥水备用。

6. 另起一锅，倒入清水，加少许盐烧开，放入荷兰豆焯 1 分钟左右至翠绿色，捞出沥水备用。

7. 将洋葱碎、芹菜碎、小米辣圈、鱼露、蒜末、柠檬汁、白砂糖混匀，制成泰式甜辣酱。

8. 将焯好的鱿鱼圈和荷兰豆放入沙拉碗中，浇上泰式甜辣酱，拌匀即成。

烹饪秘籍

1. 鱿鱼花刀处理看似深奥，其实掌握了方法并不复杂，只需保持一个方向斜 45° 角入刀，另一个方向垂直竖切，保证底部相连不断即可。

2. 经过花刀处理的鱿鱼，加热后会卷曲呈圆柱状，形状非常漂亮，但花刀处理的主要目的是让鱿鱼易熟，因此一定要厚薄一致。

鲜虾牛油果意面沙拉

烹饪时间 **30**min

难易程度

高蛋白海虾配高纤维牛油果酱料，全程白灼水煮处理，成菜高纤维、高蛋白、低脂肪，是美容养颜餐的佳选。同时，"鹌鹑蛋+樱桃番茄"的蘑菇造型，让这道菜品充满浓浓童话风。

牛油果是高能低糖水果，别看它细密绵软，1个果子的纤维素含量却相当于2个番薯，能提供一个人全天所需1/3的膳食纤维量，适宜便秘及瘦身人群食用。

材料

鲜海虾	（8只）100g
螺旋意面	50g
牛油果	（1个）100g
黑胡椒碎	1/2 茶匙
海盐	1 茶匙

橄榄油	1/2 汤匙
柠檬汁	3g
鹌鹑蛋	（3个）25g
樱桃番茄	50g

热量参考表

食材	重量 (g)	热量 (kcal)
海虾	100	79
牛油果	100	171
意面	50	176
鹌鹑蛋	25	32
樱桃番茄	50	13
合计		471

做法

1. 海虾洗净，剥去外壳，用牙签挑去虾线，留下虾尾。

2. 锅中放入适量清水煮沸，放入海虾焯1分钟至变红、打卷，捞出控水备用。锅中再放入鹌鹑蛋煮熟，放凉备用。

3. 另取一锅，加1000ml清水烧开，放入盐和意面，大火煮10分钟至意面变软，捞出过冷水备用。

4. 成熟牛油果去皮、核，一半果肉切片摆盘。放凉的鹌鹑蛋去壳，每个切成4瓣备用。樱桃番茄也每个切成4瓣备用。

5. 另一半牛油果依次放入柠檬汁、橄榄油、黑胡椒碎和少许盐，捣成泥状即成牛油果沙拉酱。

6. 煮熟的意面、焯好的海虾摆盘，淋牛油果沙拉酱，用鹌鹑蛋和樱桃番茄装饰即成。

煮面切记不要加油，会影响后期调味时酱汁的吸收。

芦笋虾仁藜麦沙拉

烹饪时间 ⊙ **30**min

难易程度 🌢🌢🌢

营养贴士

近年来，藜麦因其低热量、高蛋白、维生素含量
高的特点而备受推崇。藜麦的吸水率很高，进入
身体后能膨胀 3 倍，很容易产生饱腹感，成为瘦
身人士大爱的主食替代品。

材料

藜麦	50g	料酒	1/2 汤匙
芦笋	100g	盐	少许
鲜虾仁	80g	低油蛋黄酱	20g

热量参考表

食材	重量 (g)	热量 (kcal)
藜麦	50	184
芦笋	100	22
鲜虾仁	80	38
低油蛋黄酱	20	78
合计		322

做法

1. 藜麦用水浸泡 1 小时以上，藜麦放入锅
   中，加入 2 倍量的水，煮 15 分钟至变得
   透明，捞出晾凉备用。

2. 芦笋除去老根，洗净后斜刀切成长 3cm
   左右的小段备用。

3. 锅中放入适量清水，加少许盐烧开，放
   入芦笋焯 1 分钟左右至翠绿色后捞出，
   过凉水，沥干备用。

4. 焯芦笋的水中放入料酒，放入洗净后的
   虾仁，余至变色后捞出虾仁，沥水备用。

5. 将藜麦、虾仁和芦笋放入沙拉碗中。

6. 加入低油蛋黄酱，翻拌均匀即成。

烹饪秘籍

1. 藜麦浸泡后，可再次淘洗以洗掉皂苷，能避免轻微涩味。
2. 藜麦在沸水中煮 15 分左右，至变透明后即可食用。如果喜欢松软口感，水煮时间可
   延长至 25~30 分钟。

鲜虾凤梨佐黄瓜沙拉

烹饪时间 ◎ **30min**

难易程度 ◌◌◌

萨巴小语

口感筋道饱满的鲜虾，装在造型独特的凤梨碗中，色香味俱全。自带清香的凤梨碗，将鲜虾本身的清甜之味充分激发出来，炎炎夏日，勾起食欲无限，尝一口唇齿留香。

营养贴士

凤梨的瘦身功效在于它的果汁中含有蛋白质分解酶，可以分解蛋白质，帮助消化，防止脂肪囤积，同时还可以消除炎症和水肿，是瘦身期的百搭佐餐水果。

材料

鲜虾	100g	黑胡椒碎	1/2 茶匙
凤梨	100g	盐	1/2 茶匙
黄瓜	50g	清爽酸奶酱	50g

热量参考表

食材	重量 (g)	热量 (kcal)
鲜虾	100	79
凤梨	100	44
黄瓜	50	8
清爽酸奶酱	50	30
合计		161

做法

1. 凤梨洗净后从中间纵剖开，取一半，剖面朝上，留出 2cm 厚的外皮，用小刀剖出内瓤部分，制成凤梨碗备用。

2. 取出的凤梨肉切成 1cm 厚的片，放入沙拉碗中备用。

3. 虾挑去虾线，剥壳（留虾尾），洗净，沥水。

4. 处理好的虾加入少许盐拌匀，放入冰箱腌 10 分钟左右。

5. 锅中放入适量清水，加入剩余盐烧开，放入虾仁余 1 分钟左右至变色，捞出沥水，放入沙拉碗中。

6. 黄瓜洗净，纵向对剖开，切成 0.5cm 厚的半圆形薄片，放入沙拉碗中备用。

7. 沙拉碗中淋入清爽酸奶酱拌匀，将所有材料装入凤梨碗中即成。

烹饪秘籍

1. 注意不要选用含糖分和添加物都很多的凤梨罐头。新鲜凤梨更鲜香可口，也更利于瘦身。

2. 凤梨碗替代沙拉碗入菜，充分利用了凤梨的香甜味道，更能激发出食材的美味。取凤梨内瓤的时候，如果对自己的刀工不自信，可先在切成两半的凤梨表面切十字格，再用刀挖取，就能较为轻松地取出方块状的果肉。

酸爽美味 海洋风

泰式青柠杧果虾沙拉

烹饪时间 ● **20**min

难易程度 ●●●●

酸爽的青柠汁、鱼露和香草搭配调制的独特酱汁，配上杧果和明虾，酸甜可口又不失清甜本味，吃完一餐，感觉整个人都轻盈起来。

营养贴士

明虾是海虾，肉质肥厚，味道鲜美，富含蛋白质，所含的虾青素有非常好的抗氧化功效，是美容养颜佳品。

材料

明虾	150g	橄榄油	1/2 汤匙
杧果	100g	薄荷叶	2 片
樱桃番茄	50g	罗勒叶	2 片
柠檬	（半个）30g	小米辣	1 个
盐	少许	白砂糖	少许
黑胡椒碎	1/2 茶匙	鱼露	1/2 汤匙

热量参考表

食材	重量 (g)	热量 (kcal)
明虾	150	128
杧果	100	35
樱桃番茄	50	13
柠檬	30	11
合计		187

做法

1. 明虾洗净，去壳、头，用牙签挑去虾线，放入少许盐、一半黑胡椒碎和一半橄榄油拌匀，腌渍 5 分钟左右入味。

2. 樱桃番茄洗净，去蒂，一切两半备用；杧果去皮，切成 2cm 见方的小块备用。

3. 青柠檬洗净，横切成两半，一半切成薄片，另一半挤汁入小碗备用。

4. 薄荷叶、罗勒叶、小米辣洗净，切碎，放入柠檬汁中，再加入鱼露和少许白砂糖，放入剩余橄榄油和黑胡椒碎，制成调味酱汁。

5. 煎锅用中火烧热，放入腌好的明虾煎至变色打卷后取出，放入沙拉碗中备用。

6. 将樱桃番茄、青柠片、杧果块放入沙拉碗中，浇上调味酱汁，拌匀后装盘即成。

烹饪秘籍

地道吃货哪能不会挑虾线？这里提供三种常用方法：一、沿虾的背部划开，取出虾线；二、转动虾头，拔去虾头时带出虾线；三、用牙签穿入虾背部的第三节，轻轻向上挑去虾线。第三种方法能保持虾形完整，且操作相对简单。

蒜蓉魔芋开背虾沙拉

烹饪时间 ◎ **30**min

难易程度 ◆◆◆

这是一道传统蒸菜，蒜蓉酱汁改为后浇，低温的方式更能保留虾本身的清甜味道。新鲜的大虾、爆香的蒜蓉、筋道的魔芋，鲜香的味道扑鼻而来，高蛋白、低脂肪、高纤维的健康美味就是它了。

🦐 材料

明虾	150g	橄榄油	1 汤匙
魔芋丝	100g	蚝油	1/2 汤匙
秋葵	100g	生抽	1 汤匙
蒜蓉	30g	绵白糖	1/2 茶匙
料酒	1 汤匙		

👨‍🍳 做法

1. 将明虾洗净，剪去虾须，先用剪刀将虾头和虾身相连处沿背部剪开一半，再沿虾脊剪开虾壳。

2. 用刀从虾背部剖开 2/3 厚度的虾肉，留 1/3 保持虾肉相连。

3. 虾头朝下，将剖开的虾身部分左右打开，用牙签挑去虾线，用刀背将虾拍平，放入盘中。加入一半料酒腌虾，备用。

4. 蒸锅中放入适量水烧开，将虾盘放入蒸锅中，大火蒸 5 分钟，取出晾至微凉。

5. 锅中加入没过魔芋一指肚的水，将水烧开。魔芋丝洗净后焯 30 秒左右，捞出沥水备用。

6. 将秋葵洗净，放入焯魔芋的锅中焯 1 分钟左右至翠绿捞出。将秋葵横切成 1cm 厚的小段备用。

7. 炒锅中放入橄榄油，烧至三成热；放入蒜蓉小火炒至金黄，关火；依次放入剩余料酒、蚝油、生抽和绵白糖，拌匀制成蒜香酱汁。

8. 将魔芋丝、秋葵段、蒸好的虾摆盘，浇上蒜香酱汁即成。

🍴 营养贴士

魔芋自古就有"去肠砂"之称，日本人称它为"胃肠清道夫"。它含有的魔芋多糖是一种膳食纤维，在经过肠道时会吸水膨胀，帮助宿便排出体外，用它替代传统的粉丝，美容瘦身效果更佳。

热量参考表		
食材	重量 (g)	热量 (kcal)
明虾	150	128
魔芋丝	100	12
秋葵	100	25
蒜蓉	30	38
合计		203

🍲 烹饪秘籍

1. 开虾背的时候，要从虾头和虾身相连的第一节开到倒数第二节的位置，以确保虾肉能完全打开。

2. 油烧到三成热的时候放入蒜蓉，炒蒜蓉的火一定要小，慢慢地炒到蒜蓉金黄，香气散出。

3. 蚝油、料酒和生抽按 1：1：2 的比例调汁，再加上一点儿绵白糖，可谓黄金比例，鲜香恰到好处。

豌豆薄荷北极虾沙拉

烹饪时间 ⏱ **20min**

难易程度 🔻🔻🔻

萨巴小语

一种化冻后就能直接食用的虾，一种怀抱满满虾籽的虾，一种随便摆盘就能吸睛的虾，本味鲜甜，口感丰富，炎炎夏日，轻松一搭，绝对是不想下厨的偷懒一族的必备之物。

营养贴士

北极虾属于深海虾，也叫北极甜虾，以肉质细腻滑嫩、口感微甜闻名"虾界"。它有高蛋白、低脂肪、低糖的特点，富含多种矿物质，尤以钙含量高著称，多吃可以强健骨骼和牙齿。

材料

北极虾	150g	盐	少许
豌豆	100g	薄荷	4~6 片
鸡蛋	(1 个)60g	低油蛋黄酱	20g
樱桃番茄	50g		

热量参考表

食材	重量 (g)	热量 (kcal)
北极虾	150	141
豌豆	100	111
鸡蛋	60	86
樱桃番茄	50	13
低油蛋黄酱	20	78
合计		429

做法

1. 将北极虾提前解冻，去头剥皮，用温纯净水冲洗北极虾，沥干备用。

2. 豌豆洗净备用；薄荷洗净沥干备用；樱桃番茄洗净去蒂，切成两半备用。

3. 向锅中放入适量清水，加少许盐烧开，放入豌豆焯 1 分钟至颜色变深，捞出浸入冷水中。

4. 焯豌豆的水中放入鸡蛋，煮 5 分钟左右，浸冷水后剥壳切片备用。

5. 将焯熟的豌豆、切好的鸡蛋和北极虾放入沙拉碗，淋入低油蛋黄酱，搅拌均匀。

6. 将拌好的沙拉装盘，点缀樱桃番茄和薄荷即成。

烹饪秘籍

1. 北极虾直接放在水中解冻会导致水分流失过多、口感发硬。正确的做法是提前一夜从冷冻室中取出，放在冷藏室中进行自然解冻 12 小时，待完全化冻后再烹饪。

2. 通常情况下，北极虾被打捞上来后，人们会直接用海水将其煮熟，再用 -30℃ 的温度将其急冻，因此我们买到的北极虾其实是熟的，只需室温解冻，再将其用温纯净水冲一下即可食用。

仰望星空
食指大动

秋葵青芥北极贝沙拉

烹饪时间 ◎ **20**min

难易程度

萨巴小语

色泽明亮、晶莹剔透、口感爽脆的北极贝，总能让人一见倾心，食指大动；再配上星星点点的秋葵，仿佛北极的星空，轻轻松松就能俘获一个吃货的心。

营养贴士

北极贝来自深海，富含铁质，补血驻颜效果非常好，深得喜爱轻食的女性的厚爱。它脂肪含量低，却富含蛋白质，以及能够抑制胆固醇的 n-3 不饱和脂肪酸，保健价值不容小觑。

材料

北极贝	100g	鱼露	1/2 汤匙
秋葵	100g	青芥酱	5g
柠檬	（半个）30g	白砂糖	1/2 茶匙
盐	1/2 茶匙		

热量参考表

食材	重量（g）	热量（kcal）
北极贝	100	86
秋葵	100	25
柠檬	30	11
合计		122

做法

1. 将柠檬洗净，从中间剖开，取半个切下 4 片 1mm 厚的薄片摆盘，剩余柠檬挤汁入小碗备用。

2. 清水浸泡秋葵，往清水中加入少许盐，轻轻搓去秋葵表面茸毛。

3. 将北极贝自然解冻，从中间剖开，去除内脏部分，冲洗后沥干，摆盘备用。

4. 锅中放入适量清水，加剩余盐烧开，放入秋葵焯 1 分钟左右至翠绿色捞出。

5. 将秋葵去蒂，横切成 1cm 厚的小段，摆盘备用。

6. 将鱼露、青芥酱、白砂糖放入盛有柠檬汁的小碗中，混合调匀，淋在盘中即成。

烹饪秘籍

北极贝是一种即食海鲜。食用时，只需要将其自然解冻，从中间对半切开，将黄色内脏部分去除，用清水洗净，即可食用。

海带蟹肉带子沙拉

烹饪时间 ⊙ **20min**

难易程度 ●♦♦

萨巴小语

谁说补充蛋白质就只能吃水煮蛋和鸡胸肉？高蛋白、低脂肪的带子，配上海带、蟹肉，再加上日式味噌酱汁中自带的海苔、芝麻和豆腐，看似清爽，实则营养满满。

营养贴士

1. 带子在北方叫鲜贝，高蛋白、低脂肪，肉质软嫩。经常食用，有助于人体摄取足量的优质蛋白质，保持皮肤水嫩光滑，延缓衰老。
2. 海带中的褐藻胶因含水率高，能在肠道内形成凝胶状物质，有助于防止便秘。

材料

带子肉	150g	黑胡椒碎	1/2 茶匙
蟹肉棒（5~6条）	100g	橄榄油	1/2 汤匙
海带	50g	味噌豆腐酱	30g
葡萄酒	1 汤匙		

热量参考表		
食材	重量 (g)	热量 (kcal)
带子肉	150	116
蟹肉棒	100	123
海带	50	7
味噌豆腐酱	30	77
合计		323

做法

1. 将带子肉洗净，用厨房纸巾擦干带子肉上的水，加入白葡萄酒和黑胡椒碎腌10分钟左右。

2. 蟹肉棒自然解冻，除去包装纸，洗净后切成3cm长的菱形块备用。

3. 将海带洗净沥干，先切成3cm左右长条，再切成和蟹肉棒等长的菱形块备用。

4. 烧热煎锅，放入橄榄油，放入腌过的带子，中火煎至两面焦黄，撒入少许盐和葡萄酒，汁收干时取出备用。

5. 锅中放入适量清水烧开，放入海带和蟹肉焯30秒，迅速捞出沥水备用。

6. 将焯过的海带、蟹肉和煎熟的带子肉放入沙拉碗中，加入味噌豆腐酱，拌匀即成。

烹饪秘籍

购买带子时要注意，死带子的壳会张开，而闭壳、壳面光泽的带子是鲜活的。另外，可用手掂一下，分量重的肉多、个头大、水分足，吃起来口感更好。

青瓜山药扇贝沙拉

烹饪时间 ◎ **20**min

难易程度 🌢🌢

材料

扇贝肉	200g	小米辣	1个
黄瓜	（1根）150g	料酒	1汤匙
山药	100g	盐	1/2茶匙
大蒜	20g	橄榄油	1汤匙
生姜	2片		

热量参考表		
食材	重量（g）	热量（kcal）
扇贝肉	200	120
黄瓜	150	24
山药	100	57
大蒜	20	26
合计		227

做法

1. 将大蒜去皮洗净，压成蒜蓉；将生姜洗净，切成碎姜粒；将小米辣洗净，切成细圈。

2. 将扇贝肉除去沙包，抽去黑线，洗净备用。

3. 将洗净的扇贝肉放入小碗，加1/3的料酒、姜粒、蒜蓉和盐，腌10分钟左右。

4. 青瓜洗净，用刮刀刨成长薄片，卷起，摆盘。

5. 将山药洗净去皮，切成2mm厚的圆片。在锅中放入适量清水，烧开后将山药放入，焯30秒，捞出沥水备用。

6. 在平底锅中放入橄榄油，大火烧热，放入扇贝肉煎2分钟左右至两面金黄，盛入沙拉碗中。

7. 锅中加入剩余姜蓉和蒜蓉，炒出香味。出锅前加入剩余料酒和盐，再加入1汤匙清水，制成调味汁。

8. 将煎好的扇贝肉、焯好的山药装盘，淋上调味汁，用小米辣圈点缀即成。

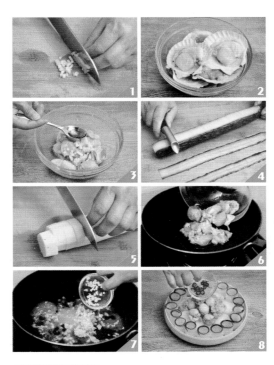

烹饪秘籍

1. 扇贝的黑色部分是消化腺，内有排泄废物和泥沙，要去除干净，以使口感爽利。

2. 焯山药的时间要短，断生即可，可保证山药口感爽脆。

酸辣瓜条梅蛤沙拉

烹饪时间 ◎ **20min**（不含浸泡时间）

难易程度 ●●●

古诗《咏海瓜子》中写道："冰盘推出碎玻璃，半杂青葱半带泥。莫笑老婆牙齿轮，梅花片片磕瓠犀。"对嗜海味的人来讲，海瓜子是最好的零食了，炎炎夏日里来上一份，好吃不长肉。

营养贴士

海瓜子学名寻氏肌蛤，是一种表面灰白略带肉红色的小蛤蜊，长度2cm左右，因其形似南瓜子而得名。海瓜子壳薄，体表有黏液，富含蛋白质、铁、钙等营养成分，常吃能调节血脂、预防心脑血管疾病。

材料

海瓜子	500g	干辣椒	2 个
黄瓜	(1根)150g	葱片	3~4 片
盐	1/2 茶匙	姜片	3~4 片
米醋	1 汤匙	生抽	1 汤匙
香油	几滴	料酒	1 汤匙
花生油	1 汤匙	香菜	1 根
花椒	20 粒	绵白糖	1/2 茶匙

热量参考表		
食材	重量 (g)	热量 (kcal)
海瓜子肉	200	124
黄瓜	150	24
合计		148

做法

1. 将海瓜子用淡盐水浸泡 2 小时以上，吐尽泥沙。

2. 将黄瓜洗净去皮，切成小手指粗细的长条，放入沙拉碗中，加盐、米醋，腌 10 分钟。

3. 锅中放入两倍于海瓜子的水并烧开，滴入香油，放入海瓜子焯 2 分钟左右，开口后迅速捞出，过两遍冷水，进一步洗净余沙，沥水备用。将挤去水分的黄瓜和沥干的海瓜子放入沙拉碗中。

4. 炒锅中放入花生油烧热，加入花椒、干辣椒，炒香后取出；再依次放入葱片、姜片、生抽、绵白糖、料酒和 1 汤匙清水，制成辣海鲜酱汁。

5. 将制好的辣海鲜酱汁浇入沙拉碗中拌匀，撒入香菜即成。

烹饪秘籍

要尽享海瓜子的美味，将其清洗干净是必须的。买来的海瓜子通常含有泥沙，需放在淡盐水中浸养半日，待海瓜子吐尽泥沙，方可烹饪。若时间不充裕，可以先用开水焯熟，再过冷水冲洗余沙。

Chapter 2

谁说吃沙拉就是"吃油"
——无油沙拉"素"起来

用无油或少油的方式，配合多种食材，做出美味又健康的素食沙拉。

菠菜杏鲍菇煎蛋沙拉

烹饪时间 ⊘ **20min**

难易程度 💧

萨巴小语

经典的全营养素沙拉，1 份菜 +1 份菌菇 +1 份蛋白，只用盐和黑胡椒调味。仔细咀嚼，便会品味出食材中原汁原味的清甜！

营养贴士

菠菜中膳食纤维的含量和芹菜有一拼，但菠菜的口感更加"温和"。菠菜能吸收大量水分，可以增加胃肠道中的食物体积，给人饱腹感，同时促进肠胃蠕动，缓解便秘。

材料

鸡蛋	150g	橄榄油	1/2 汤匙
菠菜	100g	起司片	（1 片）15g
杏鲍菇	（1 个）100g	盐	1/2 茶匙
樱桃番茄	30g	黑胡椒碎	1/2 茶匙

热量参考表

食材	重量 (g)	热量 (kcal)
鸡蛋	120	173
杏鲍菇	100	35
菠菜	100	28
樱桃番茄	30	8
起司	15	49
合计		293

做法

1. 将菠菜去根洗净，切段；将杏鲍菇洗净，切成 1cm 见方、5cm 长的条状；将小番茄洗净、去蒂，对半切开备用。

2. 锅中放入适量清水，加少许盐烧开。将菠菜放入锅中，焯 15 秒至断生，捞出沥水备用。

3. 将杏鲍菇放入焯菠菜的水中，大火焯 1 分钟至表面微软，捞出沥水备用。

4. 炒锅中放入橄榄油，油热后打入两个鸡蛋，小火煎 1 分钟左右至蛋黄凝固。

5. 将焯好的菠菜、杏鲍菇和切好的小番茄放入沙拉碗中，加入黑胡椒碎和剩余盐，翻拌均匀后装盘。

6. 盘中放入煎蛋，将起司片切成细丝，撒在表面即成。

烹饪秘籍

菠菜含有草酸，若遇食物中的钙质，会与之结合成草酸钙沉淀，影响人体对钙的吸收。其实，处理方法很简单，只要用开水焯半分钟，即可去除大部分草酸。

119

元气满满
小太阳

芦笋太阳蛋洋葱沙拉

烹饪时间 ⊙ **20**min

难易程度

5片小太阳、一抹绿意、些许素白，间或点缀些橙色花朵，满眼的春意。虽低脂配搭，但元气满满。

营养贴士

鸡蛋营养价值高，可以补充人体所需的卵磷脂、甘油三酯、胆固醇等物质，对健康大有益处。鸡蛋的吃法很多，但水煮蛋可以更大限度地保留鸡蛋中的营养，且更易被消化吸收。

材料

鸡蛋	（2个）120g	盐	少许
芦笋	100g	经典油醋汁	20g
洋葱	（半个）50g		
胡萝卜	（半根）50g		

热量参考表		
食材	重量(g)	热量(kcal)
鸡蛋	120	173
芦笋	100	22
洋葱	50	20
胡萝卜	50	16
经典油醋汁	20	104
合计		335

做法

1. 锅中放入适量清水；将鸡蛋洗净，冷水入锅煮2分钟左右，捞出过冷水去壳，横切成1cm厚的鸡蛋片，摆盘备用。

2. 将洋葱去皮洗净，取一半，竖切成花瓣状放入沙拉碗，放少许盐腌渍备用。

3. 将芦笋整根洗净沥水，切去根部后切成寸段备用；将胡萝卜洗净去皮，切成0.5cm厚的薄片，用刀切成花朵形备用。

4. 另起一锅，放入适量清水，加入少许盐烧开，先放入胡萝卜花片焯20秒左右至断生，捞出放入沙拉碗中备用。

5. 继续往锅中放入芦笋焯2分钟至翠绿，捞出沥干，备用。

6. 将洋葱、胡萝卜和芦笋放入沙拉碗中，加入经典油醋汁翻拌均匀，装盘即成。

烹饪秘籍

1. 水煮蛋需冷水入锅，小火烧开，慢慢升温可以防止鸡蛋在烧煮的过程中蛋壳爆裂。

2. 更节约能源的煮法是水开后煮1分钟关火，盖上锅盖闷5分钟，待水变温后捞出鸡蛋，直接剥壳，此时蛋黄既不稀软也未变老，吃起来蛋香浓郁。

简单易成
的美味

番茄煎蛋西蓝花沙拉

烹饪时间 ⊙ **15min**

难易程度 🌢🌢🌢

营养贴士

番茄富含多种维生素，抗氧化功效好，常吃可以防止肌肤干裂、起皱，是护肤佳品。番茄中有丰富的果酸和果胶，能够促进食欲、消除疲劳，也可以加速肠道蠕动，清肠瘦身。

材料

番茄	（2个）150g	橄榄油	1 汤匙
西蓝花	100g	经典油醋汁	20g
鸡蛋	（2个）120g		
盐	少许		

热量参考表

食材	重量(g)	热量(kcal)
番茄	150	23
西蓝花	100	36
鸡蛋	120	173
经典油醋汁	20	104
合计		336

做法

1. 将番茄洗净，皮表面划十字刀备用；西蓝花掰小朵，洗净备用。

2. 煮锅中放入适量清水，烧开，先放入番茄烫 15 秒，捞出后浸冷水。

3. 将番茄去蒂去皮，先纵向剖开，再切成半圆形的薄片放入沙拉碗中。

4. 烫番茄的水中放入少许盐和橄榄油，再放入西蓝花，焯 2 分钟左右至颜色深绿取出，沥水后放入沙拉碗中。

5. 沙拉碗中加入经典油醋汁，将番茄和西蓝花拌均匀，装盘备用。

6. 锅中放入剩余橄榄油，油热后打入两个鸡蛋，小火煎 1 分钟左右至蛋黄凝固，取出摆盘即成。

烹饪秘籍

番茄去皮方法很多，除过开水烫去表皮的方法外，另一种传统的方法是用不锈钢的勺子在表皮上轻轻刮一遍，再剥皮就很简单了。刀功好的人，可以用小刀直接削去外皮，简单又便捷。

和风海苔蛋卷沙拉

烹饪时间 ⊙ **15min**

难易程度 ◆◆

海苔质地脆嫩，入口即化，蛋饼软嫩鲜香，两者混合，就有了浓浓日式风，似乎还带着些许海风的味道。

材料

芝麻菜	50g	橄榄油	1 汤匙
鸡蛋	（2个）120g	蒸鱼豉油	1/2 汤匙
寿司海苔（2张）	10g	白砂糖	1/2 茶匙
熟白芝麻	10g	黄酒	1/2 汤匙
盐	少许	芥末	3g
白胡椒粉	少许		

做法

1. 将芝麻菜洗净沥干，撕成小片，放入盘中垫盘。

2. 取 1 张寿司海苔，用剪刀剪成宽 0.5cm 左右细条备用。

3. 将鸡蛋打散，加入盐和白胡椒粉，搅打均匀备用。

4. 将煎锅烧热，倒入橄榄油，把打好的蛋液倒进锅里，中火煎成蛋饼，盛出备用。

5. 取 1 整张寿司海苔，把蛋饼放在上面，将蛋饼和海苔卷成卷。

6. 斜刀将海苔蛋卷切成 2cm 左右的宽段，摆入垫好芝麻菜的盘中。

7. 将蒸鱼豉油、白砂糖、黄酒和芥末混合调匀，制成酱汁，浇在蛋卷上。

8. 撒上海苔条和熟白芝麻即成。

营养贴士

海苔就是烤熟的紫菜，其矿物质含量高达 15% 左右，特别是富含硒和碘，可以帮助人体维持酸碱平衡，延缓衰老，是瘦身期的健康零嘴儿。

热量参考表

食材	重量 (g)	热量 (kcal)
芝麻菜	50	13
鸡蛋	120	173
寿司海苔	10	27
熟白芝麻	10	54
合计		267

烹饪秘籍

做蛋饼的关键在于火候，中小火最合适，这样就有充足的时间在蛋液凝固之前从容地把蛋皮卷好，成品口感软嫩。若火候过大，则蛋液易焦，口感发柴。

菠菜蛋饼香干沙拉

烹饪时间 **20**min

难易程度 ◌ ◖ ◖

萨巴小语

提起菠菜，不由让人想起"大力水手"，增肌强身的画面感扑面而来。加上蛋饼和香干的高蛋白特质和枸杞的补气血功效，养颜养身非它莫属。

营养贴士

菠菜是富含维生素 C 和多种矿物质的黄绿色蔬菜，它还含有大量的抗氧化剂，常吃可以促进细胞代谢，延缓衰老，是美容养颜佳品。

材料

菠菜	100g	姜	10g
香干	50g	盐	1/2 茶匙
鸡蛋	（2个）120g	橄榄油	1 汤匙
枸杞	15g	花椒油	1/2 茶匙
面粉	50g	香醋	1/2 汤匙

热量参考表

食材	重量(g)	热量(kcal)
菠菜	100	28
香干	50	76
鸡蛋	120	173
枸杞	15	39
合计		316

做法

1. 将菠菜去根洗净，香干切成 1cm 厚的条，姜洗净切丝，枸杞洗净后沥水备用。

2. 锅中加入适量清水烧开，放入少许盐和橄榄油，再放入菠菜焯 20 秒，捞出挤干水分，切碎备用。

3. 将鸡蛋打散，加入盐和面粉，搅拌至均匀无颗粒，再加入菠菜碎、姜丝，搅拌均匀，制成菠菜蛋糊。

4. 将煎锅烧热，加入适量橄榄油，倒入菠菜蛋糊，至表面凝固后翻面，煎至两面金黄取出。

5. 蛋饼微凉后，将其切成与香干丝等长的条，并与香干一起放入沙拉碗中，加入少许花椒油和香醋拌匀装盘。

6. 点缀枸杞装饰即成。

烹饪秘籍

蛋饼加入的面粉量要视菠菜和鸡蛋的量而定，判断的标准是用勺子舀起面糊时，面糊会成一条线缓缓下落。煎蛋饼的时候要用小火，这样不容易煳锅，也不会破坏蔬菜的营养成分。

芦笋燕麦双蛋沙拉

烹饪时间 ⏱ **20min**（不含浸泡时间）

难易程度 🔴🔴🔴

萨巴小语

全素的沙拉，无论是什么组合，只要有一个白煮蛋和一把有嚼头的燕麦，都能一站搞定——饱腹、高能、低热量！

营养贴士

从健康角度来说，生燕麦片比速食燕麦片营养价值高。自己煮的燕麦片，饱腹感较强，且升血糖的速度慢。

材料

生燕麦片	30g	盐	少许
芦笋	100g	橄榄油	少许
鸡蛋	（2个）120g	欧芹牛油果酱	20g
胡萝卜	（半根）50g		

热量参考表

食材	重量(g)	热量(kcal)
生燕麦片	30	101
芦笋	100	22
鸡蛋	120	173
胡萝卜	50	16
欧芹牛油果酱	20	22
合计		334

做法

1. 将生燕麦片洗净，倒入两倍于生燕麦片的清水，提前浸泡2小时以上。

2. 锅中放入适量清水，烧开。将泡好的燕麦片放入锅中煮15分钟左右，捞出沥水备用。

3. 将芦笋除去老根，清洗后备用，斜刀切成2cm左右的长段备用。将胡萝卜洗净去皮，切成0.5cm厚的薄片备用。

4. 锅中放入适量清水，加少许盐和橄榄油烧开，放入芦笋焯1分钟左右，待芦笋变成翠绿色后，捞出沥干备用。

5. 将鸡蛋放入锅中煮熟、过凉水后剥壳，每个鸡蛋切成4瓣备用。

6. 将煮好的燕麦、芦笋和鸡蛋放入沙拉碗中，加入欧芹牛油果酱即成。

烹饪秘籍

1. 与即食燕麦片相比，生燕麦片煮起来更耗时，因此最好提前用清水浸泡2小时以上。

2. 燕麦一次可以多煮些，过清水后沥干，分成几份冷冻起来，食用时取出加热即可，方便省时。

手撕杏鲍菇杏仁沙拉

烹饪时间 ⊙ **20**min

难易程度 ●●●

萨巴小语

蒸过的杏鲍菇，浇上夺目的蒜蓉剁椒，好吃赛过肉，低脂高纤不长肉。配上高蛋白的甜杏仁，真是"杏"福加倍。

营养贴士

杏仁有甜杏仁和苦杏仁之分，所谓"南甜北苦、南菜北药"。入菜的一般是南方产的甜杏仁，身小、色白、味道甜，有润肺、止咳、滑肠的功效。甜杏仁中不仅蛋白质含量高，还含有大量膳食纤维，能让人减少饥饿感。

材料

杏鲍菇	（2个）200g	剁椒	1 汤匙
甜杏仁	20g	生抽	1/2 汤匙
大蒜	10g	料酒	1/2 汤匙
香葱	3~4 根	白砂糖	1/2 茶匙
橄榄油	1 汤匙		

热量参考表

食材	重量 (g)	热量 (kcal)
杏鲍菇	200	70
甜杏仁	20	108
大蒜	10	13
合计		191

做法

1. 将杏鲍菇洗净，切去根部，剩余部分切成 10cm 左右的大段。

2. 蒸锅中放入足量的水烧开，放入杏鲍菇大火蒸 10 分钟左右，至筷子能轻松插透，取出晾凉。

3. 将杏鲍菇用手撕成筷子粗细的长条，轻轻挤去水分，放入沙拉碗中备用。

4. 将香葱洗净，葱叶切成细圈备用，大蒜洗净去根，用刀拍碎后，剁成蒜蓉，放入小碗中备用。

5. 炒锅加热后，放入橄榄油，加入剁椒和蒜蓉，中火煸炒出香味，加入生抽、料酒、白砂糖翻炒，浇在蒜蓉上，制成剁椒酱汁。

6. 将剁椒酱汁浇入沙拉碗中翻拌均匀，撒上甜杏仁、香葱圈即成。

烹饪秘籍

1. 制作剁椒酱汁，油烧至五成热时，先放蒜炒至金黄出香味，再放剁椒，香味层次更丰富。
2. 剁椒本身有咸味，制作酱汁时，可根据个人口味，酌情减少生抽用量。

蓝莓紫薯山药泥沙拉

烹饪时间 ◎ **30**min

难易程度 ●●

紫薯色彩夺目，向来是餐桌上的亮点，而泛着白霜的蓝莓则低调内敛，彰显品质。风格迥异的"花青素大王"驾临，竟碰撞出一道高颜值的抗氧化小食。

山药健脾，助消化，益肠胃，还能美容养颜。紫薯除具有普通红薯的营养成分外，还富含硒元素和花青素；蓝莓是花青素含量极高的水果。紫薯与蓝莓强强组合抗氧化，效果自然不同凡响。

材料

山药	100g	低脂酸奶	50g
紫薯	100g	牛奶	50g
新鲜蓝莓	50g		

热量参考表

食材	重量 (g)	热量 (kcal)
山药	100	57
紫薯	100	106
新鲜蓝莓	50	29
低脂酸奶	50	32
牛奶	20	27
合计		251

做法

1. 将山药、紫薯洗净去皮，新鲜蓝莓洗净沥干备用。

2. 锅中放入足量清水并烧开，将山药、紫薯放入锅中蒸20分钟左右至能轻松插透，取出晾至微凉。

3. 将山药、紫薯分别放入两个碗中，用压泥器或勺子碾成泥，中间分次加入牛奶，用刮刀搅拌均匀，至牛奶全部吸收，制成牛奶山药泥和牛奶紫薯泥。

4. 在平盘中央放置圆形模具，用勺子将紫薯泥填入模具底层，并压实。

5. 模具中放入牛奶山药泥，轻轻压实。

6. 轻轻取出模具，淋入低脂酸奶，用新鲜蓝莓点缀即成。

烹饪秘籍

瘦身期用低脂酸奶调味口感清爽，更加健康。也可用蓝莓果酱来调味，色泽、口感都十分浓郁。

素菜吃出
烤肉味

孜然土豆胡萝卜丁

烹饪时间 **30**min

难易程度 ●●●

萨巴小语

土豆和胡萝卜是餐桌上的神仙眷侣，经常组团出入各式中西大餐，配牛肉、制高汤、入炖菜，都是百搭之选。将两者简单组合，随便撒上点儿调料，就能吃出烤肉的味道。

营养贴士

土豆热量高，但不含脂肪，高钾、低钠，有助于排除下身水肿，是瘦腿的上佳选择。胡萝卜富含胡萝卜素，护肝明目又养颜。这款菜品不仅适合瘦身族，也是老人和孩子不错的选择。

材料

胡萝卜	（1根）100g
土豆	（1个）100g
西蓝花	100g
孜然粉	1 茶匙

辣椒粉	1/2 茶匙
盐	1/2 茶匙
橄榄油	1 汤匙

热量参考表		
食材	重量（g）	热量（kcal）
胡萝卜	100	32
土豆	100	81
西蓝花	100	36
合计		149

做法

1. 将胡萝卜、土豆洗净去皮，切成 2cm 见方小丁，放入沙拉碗中，加一半盐和少量橄榄油，拌匀备用。

2. 烤箱上下火，调至 200℃，预热 3 分钟，将烘焙纸平铺在烤盘上，在烘焙纸上刷一层橄榄油。

3. 将土豆丁、胡萝卜丁平铺在烤盘中央，撒上孜然粉，放入烤箱中层烤制 15 分钟左右至土豆变软、胡萝卜微皱，取出晾至微凉。

4. 将西蓝花去根，掰成小朵，洗净备用。

5. 锅中放入适量清水，加入另一半盐，将水烧开，放入西蓝花焯 2 分钟左右至颜色变深绿，捞出沥水备用。

6. 将烤好的土豆、胡萝卜和焯熟的西蓝花摆入盘中，淋剩余橄榄油，撒辣椒粉翻拌即成。

烹饪秘籍

土豆、胡萝卜入烤箱烤制时，加入橄榄油拌匀包裹，可以锁住水分，更容易变软。如果在烤制的过程中取出烤盘，将食材翻面，会烤制得更加均匀。

芽甘蓝牛油果沙拉

烹饪时间 ◎ **20min**

难易程度 💧💧💧

萨巴小语

无论是口感还是气质，芽甘蓝和牛油果都是非常好的搭档。虽然调性有点高冷，但营养价值很暖心，一个负责提供不饱和脂肪酸，一个负责提供膳食纤维，组合起来相当完美！

材料

芽甘蓝	100g	橄榄油	1 汤匙
牛油果 （1个）100g		柠檬汁	1 汤匙
樱桃番茄	50g	黑胡椒碎	1/2 茶匙
杏仁	20g	盐	1/2 茶匙
薄荷	3~4 片		

营养贴士

芽甘蓝又叫球型甘蓝，它的膳食纤维含量高，有助于刺激肠道蠕动，排出体内毒素。牛油果是素食人群的必备食材，能提供人体所需的不饱和脂肪酸，营养较为全面。

热量参考表

食材	重量 (g)	热量 (kcal)
芽甘蓝	100	36
牛油果	100	171
樱桃番茄	50	13
杏仁	20	108
合计		328

做法

1. 将芽甘蓝洗净沥水，剥去外皮，切成两半，加少许黑胡椒碎和盐腌渍 5 分钟左右备用。

2. 将烤箱调至 200℃，预热 3 分钟。将杏仁放入烤盘，上下火烤 5 分钟左右，取出晾凉备用。

3. 加热煎锅，倒入橄榄油，将腌渍好的芽甘蓝滤去水分，放入煎锅煎炒 2 分钟左右至出香味，取出晾凉备用。

4. 将牛油果洗净，去皮去核，切成 2cm 左右的方块；樱桃番茄洗净，切成两半；薄荷洗净，沥干备用。

5. 将切好的牛油果丁、樱桃番茄和煎好的芽甘蓝放入沙拉碗中，加入柠檬汁、剩余盐和黑胡椒碎拌匀装盘。

6. 用烤好的杏仁和薄荷叶点缀即成。

烹饪秘籍

1. 挑选芽甘蓝时，要选个头小的，口感比较嫩；同时注意根部切口，根部切口发黄变干的芽甘蓝储存时间偏长，不够新鲜。

2. 芽甘蓝较耐储藏，用厨用纸巾包裹后放置于阴凉处，可存放 1 周左右；将其包裹好，放入密封袋存入冰箱，可保鲜 2 周左右。

日式芝麻拌菠菜沙拉

烹饪时间 ⊙ **15min**

难易程度 ●●◌

谁说日式拌菠菜口味清淡？原本清爽的一道菠菜沙拉，用炒熟的芝麻丰富口感、区分层次，又以芥末油挑逗味蕾，竟调出了荡气回肠的味道。

菠菜的膳食纤维含量高，能促进肠道蠕动，帮助消化，有利排便。菠菜中 β－胡萝卜素和铁含量也很高，对女性常见的缺铁性贫血有改善作用，多食能令人面色红润，光彩照人。

材料

菠菜	200g
白芝麻	20g
木鱼花	10g
大蒜	3~4 瓣

| 鱼露 | 1/2 汤匙 |
| 芥末油 | 少许 |

热量参考表		
食材	重量(g)	热量(kcal)
菠菜	200	56
白芝麻	20	107
木鱼花	10	30
合计		193

做法

1. 将菠菜择洗干净，去根，从中间将菠菜切成两段备用。

2. 将大蒜剥皮洗净，用刀背拍散，切成蒜蓉。

3. 锅内放入适量清水，烧开后放入菠菜焯30 秒迅速捞出，沥水后放入沙拉碗中。

4. 将白芝麻放入炒锅中，小火煎至微黄、有香气散出。

5. 依次往沙拉碗中放入蒜蓉、鱼露、芥末油，与菠菜拌匀装盘。

6. 撒入炒香的白芝麻，加木鱼花装饰即成。

烹饪秘籍

1. 菠菜含草酸较多，会抑制钙的吸收，如果和含钙量高的食物一起食用，最好先把菠菜在沸水中烫一下，减少菠菜中的草酸成分。

2. 过水焯菠菜时，注意掌握时间，一般 30 秒左右焯至断生即可；时间过长，会破坏其中的叶酸和维生素 C。

虽是经典
亦可惊艳

韩式酸辣萝卜条沙拉

烹饪时间 ◎ **30**min

难易程度 🌢🌢🌢

萨巴小语

萝卜价格亲民，美味养身。在中国北方，萝卜跟土豆、大白菜号称"冬季三宝"。明代李时珍对萝卜的评价至高："可生可熟，可菹可酱，可豉可醋，可饭。"这款酸辣萝卜条，虽是经典，亦可惊艳。

营养贴士

白萝卜是纤维素含量很高的食物，食之容易产生饱腹感，对缓解便秘非常有效。同时，白萝卜还有润肺化痰、平喘止咳的作用。遇北方冬季的连日雾霾，它更是餐桌上一道不可或缺的美味。

材料

白萝卜	150g
胡萝卜	150g
生姜	(1大块)30g
盐	1/2 茶匙
白醋	1 汤匙

白砂糖	1/2 茶匙
小米辣	1 个
韩式辣酱	20g
香菜	1~2 根

热量参考表

食材	重量 (g)	热量 (kcal)
白萝卜	150	24
胡萝卜	150	48
生姜	30	14
韩式辣酱	20	39
合计		125

做法

1. 将白萝卜、胡萝卜洗净去皮，切成小手指粗细的长条，放入沙拉碗中备用。

2. 往沙拉碗中放入盐拌匀，腌制约20分钟至入味。

3. 将小米辣洗净，斜入刀左右各一刀划开，切成小段，备用。

4. 将生姜洗净切片，香菜洗净，切成寸段备用。

5. 将腌好的萝卜条用手轻攥除去水分，放回沙拉碗中，依次放入姜片、白醋、白砂糖和韩式辣酱，拌匀后装盘。

6. 将切好的小米辣和香菜摆放在萝卜条上即成。

烹饪秘籍

1. 腌渍萝卜条时，放入白砂糖和盐是为了腌出萝卜中的水分，而且会更入味。若放入保鲜盒，在冰箱中冷藏2小时以上，味道会更足。

2. 小米辣起装饰作用，可根据自身喜辣程度决定用量。

红萝卜白萝卜沙拉

烹饪时间 ⊙ **30min**
难易程度 ⬤⬤⬤

张爱玲曾在小说中描述过，不管红玫瑰或是白玫瑰，时间长了就会变成"墙上的蚊子血"和"衣服上的饭粒子"。那就用点儿心思，时常变换，让寻常的萝卜化身"心口上的一颗朱砂痣"和"窗前明月光"。

材料

胡萝卜	（1根）100g	欧芹	10g
白萝卜	（1段）100g	经典油醋汁	20g
盐	1/2 茶匙		

营养贴士

白萝卜味道甘甜，略带辛辣，它的热量是根茎类蔬菜里较低的。它还含有辛辣的芥子油成分，能有效促进脂肪代谢，避免脂肪在皮下堆积，是很好的瘦身食品。

热量参考表

食材	重量 (g)	热量 (kcal)
胡萝卜	100	32
白萝卜	100	16
欧芹	10	4
经典油醋汁	20	104
合计		156

做法

1. 将胡萝卜洗净去皮，切成尽量薄的圆片，放入沙拉碗中备用。

2. 将白萝卜洗净去皮，切成尽量薄的圆片，放入沙拉碗中备用。

3. 往沙拉碗中加盐，拌匀，腌渍20分钟左右至水分析出，萝卜片变软。

4. 取5~6个胡萝卜片，按顺序叠放、下一片搭在上一片的1/2处，码放整齐后，朝一个方向卷成毛巾卷，两头用牙签固定。白萝卜片也如法炮制。将卷好的卷从中间切开，切口朝下摆放，做成漂亮的玫瑰花状。

5. 依次将剩余的胡萝卜、白萝卜卷成玫瑰花状码放在盘中，淋上油醋汁。

6. 将欧芹洗净沥水后切碎，放入盘中装饰。

烹饪秘籍

1. 胡萝卜选粗些的，白萝卜选细些的，尽量使两种萝卜的断面粗细相近，这样卷出的花朵更好看。

2. 这道菜有点儿考验刀功。萝卜片切得越薄越好，便于卷成玫瑰花。建议选用可以削片的刨刀，轻松搞定。

灯笼樱桃萝卜沙拉

烹饪时间 ⊙ **20**min

难易程度 🌢🌢🌢

营养贴士

櫻桃萝卜是一种外观似櫻桃的小型萝卜，外表
袖珍，口感爽脆，味道甘甜。它含有的芥子油
成分可以增进食欲、促进胃肠蠕动、帮助消化。

材料

櫻桃萝卜	150g		蚝油	1/2 汤匙
苦苣	50g		蜂蜜	1/2 汤匙
白芝麻	10g		白醋	1/2 汤匙
盐	1/2 茶匙		辣椒油	1/2 茶匙

热量参考表

食材	重量 (g)	热量 (kcal)
櫻桃萝卜	150	31
苦苣	50	28
白芝麻	10	54
合计		113

做法

1. 将櫻桃萝卜洗净，除去茎叶和根须。

2. 将櫻桃萝卜头朝上摆放，先横切成 1mm
   左右薄片，再旋转 90 度，垂直再切
   8~10 刀，保证底部相连不断，使櫻桃萝
   卜呈花蕊状散开。

3. 将切好的櫻桃萝卜放入沙拉碗中，加少
   许盐腌渍 10 分钟左右至水分析出。

4. 将蚝油、蜂蜜、白醋、白芝麻、辣椒油
   放入小碗中，调成甜辣酱汁。

5. 苦苣洗净沥水后摆盘；将腌好的萝卜
   轻轻挤去水分，沥干摆盘。

6. 将甜辣酱汁均匀浇在萝卜上即成。

烹饪秘籍

这道菜需要切十字花刀，较考验刀功。切的时候可以在櫻桃萝卜两侧各垫一根细筷子，保
证底部相连不断开。

白萝卜山药豆腐沙拉

烹饪时间 **20min**

难易程度 ●●●

材料

白萝卜	100g	薄荷叶	少许
山药	100g	味噌豆腐酱	50g
北豆腐	100g		
枸杞	10g		

热量参考表

食材	重量 (g)	热量 (kcal)
白萝卜	100	16
山药	100	57
北豆腐	100	116
枸杞	10	26
味噌豆腐酱	50	128
合计		343

做法

1. 切取白萝卜5cm左右的段，洗净去皮，再切成0.5cm厚的薄片备用。

2. 将山药洗净去皮，截成5cm左右的段，纵向入刀切成0.5cm厚的薄片备用。

3. 将北豆腐洗净沥水，先切成5cm左右的块，再切成0.5cm厚的薄片备用。

4. 锅中加入足量清水，烧开后依次加入山药、白萝卜、北豆腐焯水，捞出沥水后，码放在盘中备用。

5. 将味噌豆腐酱均匀浇在盘中。用枸杞、薄荷叶点缀即成。

烹饪秘籍

焯水时要依次放入山药、白萝卜和豆腐，中间各间隔30秒左右，顺序不可错，因为3种食材中，山药断生需要1分钟左右，需要最先放入，而白萝卜和豆腐过水即熟，可以后放。

木耳豆腐海带结沙拉

烹饪时间 ◎ **20**min

难易程度 ◌◌◌

萨巴小语

微微燥热、不思饮食的夏天里，随手泡发些木耳，与海带结、北豆腐拌在一起，会有些许日式风情，既简单美味，又清凉解暑！

营养贴士

豆腐等豆制品中含有大量的维生素 E、镁和锌，能有效促进细胞的新陈代谢，加快体内脂肪燃烧，对瘦身减脂非常有帮助。豆腐中的大豆异黄酮，可以双向调节雌性激素，有助于缓解痛经和更年期症状，可谓女性必备食品。

材料

北豆腐	100g	小米辣	1 个
水发木耳	100g	香菜	1~2 根
海带结	100g	生抽	1/2 汤匙
盐	少许	白砂糖	1/2 茶匙
生姜	30g	香油	几滴

热量参考表

食材	重量 (g)	热量 (kcal)
北豆腐	100	116
水发木耳	100	27
海带结	100	13
姜	30	14
合计		170

做法

1. 提前泡发木耳，择洗干净，冲洗干净后沥水备用。

2. 提前用清水浸泡海带结 10 分钟左右，用流水洗净，沥水备用。

3. 用流水将北豆腐简单清洗干净，切成 2cm 见方小块备用。

4. 锅中加入足量清水，加盐烧开，依次放入豆腐、海带结和木耳，焯 1 分钟左右，捞出沥水，放入沙拉碗中备用。

5. 将生姜洗净去皮，切成细丝；将小米辣洗净，切细圈；将香菜洗净沥水，切段备用。

6. 沙拉碗中依次加入生抽、白砂糖、香油、姜丝、小米辣圈，以及焯好的北豆腐、海带结、木耳，拌匀，加香菜装饰即成。

烹饪秘籍

北豆腐也可以用冻豆腐替代。和新鲜的豆腐相比，冻豆腐呈蜂窝状，能更好地吸收调味汁。

北豆腐双菇魔芋沙拉

烹饪时间 **20**min

难易程度 ♦♦

萨巴小语

豆腐和魔芋虽然高纤健康，却是无味食材。因无味而百搭，成就别具一格的沙拉。

营养贴士

豆腐含有人体所需的 8 种必需氨基酸，营养价值较高，有细腻肌肤、降脂瘦身的功效。黑魔芋富含膳食纤维，可以延缓消化道对糖分和脂肪的吸收，是降脂饱腹的神奇食材。

材料

鲜香菇	50g	盐	1/2 茶匙
金针菇	50g	香菜	1~2 根
黑魔芋	100g	经典油醋汁	20g
北豆腐	100g	橄榄油	1 汤匙

热量参考表

食材	重量 (g)	热量 (kcal)
鲜香菇	50	13
金针菇	50	16
黑魔芋	100	10
北豆腐	100	116
经典油醋汁	20	104
合计		259

做法

1. 将鲜香菇去蒂洗净，切成 0.5cm 厚的薄片；将金针菇去根，洗净沥干；将香菜洗净备用。

2. 将黑魔芋洗净沥干，切成 1cm 厚的薄片备用。

3. 锅中放入适量清水，加盐烧开，放入黑魔芋焯 30 秒，捞出沥水，放入沙拉碗中备用。

4. 焯魔芋的水中放入鲜香菇和金针菇，焯 1 分钟捞出沥水，放入沙拉碗中备用。

5. 将北豆腐洗净，先切成 5cm 左右长条，再切成 1cm 的薄片备用。

6. 加热平底煎锅，倒入橄榄油，放入北豆腐，中火将其煎至两面金黄，码入盘中。

7. 将经典油醋汁放入沙拉碗中，与焯好的黑魔芋、香菜和金针菇拌匀，倒在北豆腐上。

8. 加入香菜装饰即成。

烹饪秘籍

魔芋不容易入味，可以提前用少许酱汁腌一段时间。

芝麻海菜鹰嘴豆沙拉

烹饪时间 ⊙ **30**min（不含浸泡时间）

难易程度 ◆◆◆◆

营养贴士

鹰嘴豆具有补钙、补充卵磷脂的作用，经常食用能够促进骨生成，预防骨质疏松，亦可使女性保持皮肤弹性，延缓衰老，缓解更年期综合征。

材料

干鹰嘴豆	50g	小米辣	2 个
芝麻菜	100g	橄榄油	1/2 茶匙
海白菜	50g	醋	1/2 茶匙
熟白芝麻	10g	豉油	1/2 茶匙
盐	1/2 茶匙	白砂糖	1/2 茶匙

热量参考表

食材	重量 (g)	热量 (kcal)
干鹰嘴豆	50	170
芝麻菜	100	25
海白菜	100	16
熟白芝麻	10	54
合计		265

做法

1. 干鹰嘴豆洗净后，用清水浸泡一夜。

2. 煮锅中放入适量清水煮开，在锅中加入一点儿盐，放入鹰嘴豆煮 15 分钟，捞出沥干备用。

3. 将芝麻菜洗净，撕成小片后，沥干备用；将小米辣洗净切细圈备用；将海白菜去杂洗净，切成一指长的大段。

4. 锅中放入适量清水，放入海白菜焯 30 秒左右，捞出过凉水后沥干备用。

5. 将煮好的鹰嘴豆、芝麻菜、海白菜放入沙拉碗中，再依次放入橄榄油、醋、豉油、白砂糖、小米辣圈，拌匀装盘。

6. 撒入熟白芝麻装饰即成。

烹饪秘籍

鹰嘴豆入素沙拉，目的是提供人体所需的蛋白质，也可以用其他豆类替代，如扁豆、黑豆、红豆等，或者用蛋白质含量高的藜麦等食材代替。

全素蛋白
赛过肉

鹰嘴豆牛油果洋葱沙拉

烹饪时间 ◎ **30**min

难易程度 ●●●

营养丰富的鹰嘴豆替代主食，能量满满的牛油果主供蛋白，"降脂高手"洋葱清理血管，鲜嫩碧绿的芝麻菜补充纤维，还有什么是这一餐沙拉不能满足的？

鹰嘴豆也叫鸡心豆，低热量、高蛋白，多种矿物质的含量远高于其他豆类，因此深得素食者偏爱。它含有的膳食纤维能促进身体内脂肪分解与代谢。用它来替代主食，瘦身作用非常明显。

材料

干鹰嘴豆	50g
洋葱	（半个）50g
牛油果	（1个）100g
芝麻菜	50g

| 经典油醋汁 | 20g |
| 黑胡椒碎 | 1/2 茶匙 |

热量参考表

食材	重量 (g)	热量 (kcal)
干鹰嘴豆	50	170
洋葱	50	20
牛油果	100	171
芝麻菜	50	13
经典油醋汁	20	104
合计		478

做法

1. 将干鹰嘴豆洗净后，用清水浸泡一夜。

2. 煮锅中放入适量清水煮开，放入鹰嘴豆煮 15 分钟，捞出沥干放入沙拉碗中。

3. 将洋葱去皮去根，切成 1cm 见方的小丁，加少许盐，腌渍 5 分钟左右，放入沙拉碗中。

4. 将芝麻菜洗净，除去老叶，用手撕成小片，放入沙拉碗中。

5. 将牛油果洗净，去皮去核，切成 1cm 见方的小丁，放入沙拉碗中。

6. 将经典油醋汁倒入沙拉碗中，与所有食材拌匀，撒少许黑胡椒碎即成。

烹饪秘籍

1. 鹰嘴豆质地硬，煮起来耗时较长，因此可用鹰嘴豆罐头替代。

2. 牛油果易氧化，可放在最后一步处理，以保持鲜绿的色泽；也可加入少许柠檬汁护色。

红豆薏米时蔬沙拉

让你变瘦的
五彩世界

烹饪时间 ⊙ **30min**（不含浸泡时间）

难易程度

🍴 营养贴士

中医通常说的具有除湿功效的红豆，其实是赤小豆，并非是红小豆。区分的办法是看形状，普通红豆外形圆胖，而赤小豆更小、更细长，挑选时要注意分辨。

热量参考表

食材	重量(g)	热量(kcal)
红豆	50	162
薏米	50	181
紫甘蓝	50	13
甜玉米粒	50	15
苦苣	30	17
樱桃番茄	30	8
低油蛋黄酱	20	78
合计		474

🥗 材料

红豆	50g		苦苣	30g
薏米	50g		樱桃番茄	30g
紫甘蓝	50g		低油蛋黄酱	20g
甜玉米粒	50g			

👨‍🍳 做法

1. 将红豆和薏米淘洗干净，用清水浸泡2小时，捞出红豆和薏米放入压力锅，加两倍于食材的清水，煮熟。

2. 将紫甘蓝洗净沥干，切成细丝；将苦苣除去老叶，洗净沥干，撕成小片备用。

3. 将樱桃番茄洗净沥水，切成4瓣备用。

4. 锅中放入少量清水烧开，放入甜玉米粒，焯1分钟左右，捞出沥干备用。

5. 将煮熟的红豆、薏米、紫甘蓝、玉米粒放入沙拉碗中，加入低油蛋黄酱翻拌均匀。

6. 将苦苣垫入盘中，把拌好的红豆、薏米等倒入盘中，用樱桃番茄点缀即成。

🍲 烹饪秘籍

红豆比一般谷类的蛋白质含量要高，其膳食纤维含量也高，除了能够提供能量、蛋白质、矿物质，还对便秘有一定的改善作用。薏米能够除湿利尿，消除水肿。两者组合，有助于去掉恼人的"水桶腰""大象腿"呦！

一口清爽
的海味

鲜贝青豆桃仁沙拉

烹饪时间 ◎ **15**min

难易程度 🌢🌢🌢

萨巴小语

弹牙的贝肉最配鲜嫩的蔬菜——刚从豆荚里剥出的豌豆、一掐出水的纤细豌豆苗，再加上嫩白补脑的核桃仁，在闷热的夏日里，品味一盘素雅清凉，整个人都轻盈了几分呢！

营养贴士

鲜贝高蛋白、低脂肪、易消化、营养价值高，含有大量的维生素E和多种矿物质，可以滋养肌肤，淡化色斑，使皮肤细嫩、白皙、有弹性，是女性的养颜佳品。

材料

扇贝肉	150g	料酒	1 汤匙
青豆	50g	橄榄油	1/2 汤匙
豌豆苗	30g	鱼露	1/2 汤匙
去皮鲜核桃	30g	黑胡椒碎	1/2 茶匙
盐	少许		

热量参考表

食材	重量 (g)	热量 (kcal)
扇贝肉	150	90
青豆	50	39
豌豆苗	30	10
去皮鲜核桃	30	101
合计		240

做法

1. 将扇贝肉解冻，除去黑边和杂物，洗净后沥干，加少许盐和料酒，腌渍5分钟。

2. 将青豆洗净沥水；将去皮鲜核桃仁洗净，沥水备用。

3. 将豌豆苗除去根部，洗净沥干，放入盘中垫底。

4. 加热煎锅，放入橄榄油，烧至七成热后放入扇贝，中火煎至两面微黄，取出备用。

5. 锅中放入适量清水，烧开后放入青豆焯1分钟左右，捞出后沥干备用。

6. 将鲜贝、青豆、核桃仁放入沙拉碗中，加入鱼露和黑胡椒碎拌匀后，倒入用豌豆苗垫底的盘中即成。

烹饪秘籍

1. 煎鲜贝时切忌火大时长，宜用中火煎制，每面煎制时长掌握在1分钟左右，火大或者煎制时间过长，容易让贝肉变韧，失去弹牙的口感。

2. 如果选择用热水焯鲜贝，则需放入两倍于食材的水，以使鲜贝能在里面翻滚起来，快速焯30秒左右即可，切忌低温慢煮。

Chapter 3

谁说水果沙拉就是"糖"
——水果沙拉"美"起来

水果沙拉可不是简单地把水果切成块，放在一起搅拌一下。在美容界，水果可是不可或缺的主力配角和颜值担当。无论是配肉类，还是搭海鲜，它丰富的色泽都能把一道沙拉演绎出大餐效果。另外，水果含有丰富的维生素、膳食纤维等营养物质，再稍搭配一点儿谷物、坚果和蛋类，堪称绝佳的美肤纤体大餐。

哈密瓜西瓜青瓜沙拉

烹饪时间 ⊙ **10**min
难易程度

萨巴小语

选两三样瓜果，浇上燕麦酸奶酱，点缀点儿果干和坚果，一份曼妙的下午茶佐餐沙拉就搞定了！

营养贴士

哈密瓜素有"瓜中之王"之称。哈密瓜的橙黄色主要源自它的胡萝卜素。胡萝卜素是很好的抗氧化剂，可以帮助皮肤抵御紫外线辐射，防止皮肤被晒伤，对皮肤十分有益。

材料

哈密瓜	100g	即食燕麦	10g
西瓜	100g	酸奶	50g
黄瓜	(1根)150g	柠檬汁	1/2 汤匙
蔓越梅干	10g	薄荷叶	2 片

热量参考表

食材	重量(g)	热量(kcal)
哈密瓜	100	34
西瓜	100	31
黄瓜	150	24
蔓越梅干	10	22
即食燕麦	10	34
酸奶	50	36
合计		181

做法

1. 将蔓越梅干去蒂，用清水洗净，沥干备用；洗净薄荷叶，沥水备用。

2. 将哈密瓜洗净，去皮、去子，切成小块，放入沙拉碗中备用。

3. 将西瓜洗净，用刀沿瓜皮切取果肉，再切成小块，放入沙拉碗中备用。

4. 将黄瓜洗净去皮，切成 1cm 见方的小丁，放入沙拉碗中备用。

5. 取稍浓稠的酸奶 50g，加入柠檬汁调至顺滑，再加入即食燕麦，制成燕麦酸奶酱，倒入沙拉碗中，再往沙拉碗中倒入切好的哈密瓜、西瓜、黄瓜，翻拌均匀。

6. 在沙拉上撒上蔓越梅干，加薄荷叶点缀即成。

烹饪秘籍

简单的"水果沙拉＋酸奶"，难免口味单一。若在酸奶中加入少许柠檬汁和即食燕麦，便可以让味道更清爽，层次更丰富，沙拉中的水果也不容易氧化变色。

醉在酒香里
的水果

奇异果杧果葡萄沙拉

烹饪时间 **10**min

难易程度 ●●●

冰凉的酸奶和酒渍的果干混合在一起，是所有水果沙拉的经典搭配。任你是热带菠萝、杧果，还是温带苹果、鸭梨，都将融合在酒渍的香气里，让人欲罢不能！

奇异果号称"维生素C之王"，它的维生素C含量超过一般水果。一个奇异果基本能满足人体一天的维生素C需求。奇异果果肉中的黑色小颗粒含有丰富的维生素E，增白、抗氧化、除雀斑的效果非常好。奇异果具有低脂、低热、高纤维的特点，因此是水果沙拉中的优选食材。

材料

奇异果	（2个）150g	酸奶	50g
杧果	（半个）100g	酒渍果干酱	15g
葡萄	50g	面粉	少许
腰果	20g		

热量参考表

食材	重量（g）	热量（kcal）
奇异果	150	92
杧果	100	35
葡萄	50	23
腰果	20	112
酒渍果干酱	15	24
酸奶	50	36
合计		322

做法

1. 将葡萄用水冲洗后放入碗中，加入适量清水，在水中加入面粉浸泡5分钟左右，用流水冲洗干净，沥干备用。

2. 将奇异果洗净，用刀削去外皮，切成2cm见方小块备用。

3. 将杧果洗净，从中间贴核剖开，取一半划十字刀，去皮切成2cm见方小块备用。

4. 酸奶中放入腌渍好的酒渍果干酱，搅拌均匀，制成酸奶果干酱。

5. 将葡萄、奇异果块、杧果块放入沙拉碗中，倒入酸奶果干酱拌匀装盘。

6. 在沙拉上撒上腰果即成。

烹饪秘籍

取杧果肉划十字刀时，根据杧果大小横向、竖向各切几刀，需要注意的是下刀不要太重，以划开果肉又不破皮为好。全部划好后，用手轻轻一顶果皮的中央，杧果块就会像花一样打开。最后，贴着"杧果花"的底部，用水果刀剔下即可。

奇异果草莓蔓越梅沙拉

烹饪时间 🕐 **10**min

难易程度

萨巴小语

评选"维生素 C 之王",若奇异果说自己是第二,恐怕只有草莓敢与之一争高下。碧绿配鲜红,真是一道高颜值、高维生素 C 的水果盛宴!

营养贴士

蔓越莓是近年来新晋的"健康零食",深得女性喜爱。它含有丰富的维生素 C 和果胶,有助于体内毒素的排出和抑制黑色素的沉积,养颜效果极佳。

材料

奇异果	（1个）80g
草莓	150g
蔓越梅干	50g

| 酸奶 | 50g |
| 柠檬汁 | 1/2 汤匙 |

热量参考表		
食材	重量(g)	热量(kcal)
奇异果	80	49
草莓	150	48
蔓越梅干	50	109
酸奶	50	36
合计		242

做法

1. 将蔓越莓干放入温水中浸泡1分钟左右,洗净沥干备用。

2. 将奇异果洗净,用刀削去外皮,纵向切成两半,再切成 0.5cm 厚的半圆形片,备用。

3. 将草莓洗净沥干,纵向切成4瓣,备用。

4. 酸奶中加入柠檬汁,搅拌至顺滑,即制成柠檬酸奶酱。

5. 将柠檬酸奶酱均匀倒在草莓和奇异果上。

6. 将蔓越梅干撒在水果上即成。

烹饪秘籍

清洗草莓时,可以用淡盐水或淘米水浸泡 5 分钟。淡盐水可以杀灭草莓表面残留的有害微生物;淘米水呈弱碱性,可促进呈酸性的农药降解,再用流水冲洗,可以有效去除草莓中的农药。

"莓"你
不行!

橙子莓果榛子沙拉

烹饪时间 ⊙ **10**min

难易程度 ◌ 💧💧

草莓、蓝莓、树莓、黑莓……"莓莓"组合在甜品界、果汁界、沙拉界都是颜值担当。只需挑选两三样随意搭配，加少许柠檬汁护色，放些坚果增加营养，便可尽享酸甜的口感和高效率燃脂功效，绝对是瘦身餐中的新贵！

🍳 营养贴士

树莓有一种活性物质——树莓酮，能防止脂肪堆积。蓝莓的花青素可以保护视力，分解脂肪。草莓含有丰富的果胶和膳食纤维，有助于消化和排便，还可以美白肌肤，淡化色斑。

🥄 材料

橙子	（1个）150g
草莓	100g
蓝莓	50g
树莓	50g

榛子	30g
青柠檬	1个
盐	少许

热量参考表		
食材	重量（g）	热量（kcal）
橙子	150	72
草莓	100	32
蓝莓	50	29
树莓	50	27
榛子	30	168
合计		328

👨‍🍳 做法

1. 将带叶草莓、蓝莓、树莓和青柠檬放入盐水中浸泡5分钟。

2. 将橙子洗净，剥去外皮，纵切成两半，再横切成0.5cm厚的半圆形片，放入盘中，备用。

3. 将草莓、蓝莓、树莓用流水冲洗干净，沥干备用。

4. 将草莓去掉叶片，纵切成两半，和蓝莓、树莓一起放入盘中。

5. 用厨房纸巾擦干青柠檬，将其对半切开，将柠檬汁挤在水果上。

6. 在上面放剥好的榛子，用草莓叶点缀即成。

🍳 烹饪秘籍

蓝莓表面有一层白色的霜，它是蓝莓的果粉，含有丰富的花青素等营养物质，清洗时只需用清水轻轻冲洗，去掉表面灰尘即可。如果对清洁度不放心的话，可以在凉水中加入少许盐，浸泡10分钟左右即可放心食用。

草莓香橙火龙果沙拉

果子酸甜
果香浓烈

烹饪时间 ⏱ **10min**

难易程度 🌢🌢

萨巴小语

百香果名字的由来，据说是因为百香果聚集了百种水果的香味。它是当之无愧的果中美味之王！几种应季的水果和百香果拌在一起，果子酸甜，果味浓烈，当真如同情浓时刻、彼此依恋的恋人，一口足以明媚心情。

营养贴士

百香果富含人体所需的多种氨基酸及维生素、矿物质等有益成分；它的膳食纤维能促进肠胃蠕动，清除肠道壁上积存的油脂与垃圾，排毒效果一级棒！

热量参考表		
食材	重量 (g)	热量 (kcal)
橙子	150	72
草莓	100	32
白心火龙果	100	55
百香果	50	33
酸奶	50	36
合计		228

材料

橙子	(1个)150g	酸奶	50g
草莓	100g	盐	少许
白心火龙果	100g		
百香果	(1个)50g		

做法

1. 将带叶的草莓、橙子放入加盐的水中浸泡5分钟后，用流水冲洗干净，沥水备用。

2. 将橙子带皮纵向剖开，均匀切成8瓣，摆盘备用。

3. 将草莓去蒂，对半切开，摆盘备用。

4. 将火龙果洗净，取半个去皮，切成2cm厚的扇形片，摆盘备用。

5. 将百香果洗净剖开，用勺子取出汁液，放入小碗。

6. 再往小碗中加入酸奶，搅拌均匀，制成百香果酸奶酱，浇在水果上即成。

烹饪秘籍

挑选百香果有四要：一要看形状，要挑选椭圆形或圆形的，若外观带棱，果断舍弃；二要看颜色，好的百香果外皮呈紫红或暗红色，若有暗斑，说明变质；三要晃果，拿起来轻摇，如果感觉里面有东西在动，说明果肉和果皮已经分离，里面已经开始变质；四要闻味，新鲜的百香果隔皮就能闻到浓郁的芳香。

青木瓜梨藕三丝沙拉

烹饪时间 ◎ **10**min

难易程度 ◆◆

材料

青木瓜	100g	蜂蜜	15g
梨	100g	盐	少许
莲藕	100g	薄荷叶	3~4 片
柠檬汁	1/2 茶匙		

热量参考表		
食材	重量 (g)	热量 (kcal)
青木瓜	100	30
梨	100	51
莲藕	100	47
蜂蜜	15	48
合计		176

做法

1. 将青木瓜洗净后削皮、去子，切成 0.5cm 左右的细丝，加少许盐，腌 5 分钟左右至出水。

2. 将梨洗净后，取一半，去皮去核，倒扣在案板上，先切成 0.5cm 厚的片，再切成细丝。

3. 将藕洗净去皮，先沿垂直于藕洞的方向切成 10cm 左右的长段，再沿藕洞方向切成 1cm 厚的片，之后切成细丝备用。

4. 锅中放入适量清水，烧开后放入藕丝焯 30 秒左右迅速捞出，过冷水后备用。

5. 轻轻挤去木瓜丝腌出的汁水，和梨丝、焯好的藕丝一起放入沙拉碗中。

6. 加入蜂蜜和柠檬汁，翻拌均匀后装盘，上面点缀洗净的薄荷叶即成。

烹饪秘籍

1. 青木瓜切丝后要用淡盐水泡 10 分钟，即可除去涩味。

2. 如果能接受辣味，可以在调味时加入辣椒面，这样会增加这道沙拉味道的层次，口感会更爽利刺激！

雪白血红
维生素彩蛋

双色火龙果西瓜球沙拉

烹饪时间 ◎ **10min**
难易程度

萨巴小语

一碗水果球，白得似雪，红得胜火，色泽娇艳欲滴，果肉细腻鲜嫩，不光入口爽滑，还吸人眼球。寻常的食材，不一样的做法，让人顿生几分爱意。

营养贴士

火龙果含有丰富的膳食纤维，果肉中那些芝麻状的种子能促进胃肠蠕动，润肠通便，缓解便秘。红心火龙果中的花青素含量高，抗氧化效果好，能有效清除体内自由基，达到养颜和抗衰老的功效。

材料

红心火龙果	100g
白心火龙果	100g
西瓜	100g
酸奶	50g

| 柠檬汁 | 少许 |
| 薄荷叶 | 2~3 片 |

热量参考表

食材	重量 (g)	热量 (kcal)
红心火龙果	100	60
白心火龙果	100	55
西瓜	100	31
酸奶	50	36
合计		182

做法

1. 将白心火龙果对半切开，取一半切面朝上。用挖球器挖出多个球状果肉备用。

2. 用小勺将剩余火龙果肉挖出，放入小碗中；火龙果外皮留作装沙拉的容器（简称：沙拉碗）。

3. 按步骤 1~2 处理红心火龙果，将果肉球放入沙拉碗中备用，余肉放入小碗中。

4. 用挖球器从西瓜里挖出球状果肉，放入沙拉碗中备用。

5. 用勺子将小碗中的果肉捣碎，加入酸奶、柠檬汁调成糊状，制成酸奶果酱。

6. 将酸奶果酱浇在火龙果球和西瓜球上，加薄荷叶装饰即成。

烹饪秘籍

制作水果沙拉，要求水果的成熟度好且新鲜。挑选火龙果，一看外观，表皮颜色越红，成熟度越高；二看果蒂，手感硬的比较新鲜；三掂重量，同样大小、相对较重的果子，汁水丰富，口感更好。

木瓜柠果菠萝沙拉

烹饪时间 **10**min

难易程度 🌢🌢🌢

萨巴小语

每次吃菠萝总会把皮存留很长时间，只为那迷人的菠萝香。菠萝挖空当作容器，无论是炒饭还是沙拉，总是能为菜品添色不少，提香又爽口，清新又解腻，每一口都能醉在菠萝的香气里。

营养贴士

木瓜富含多种氨基酸，以及丰富的钙、铁等矿物质。木瓜中含有的木瓜酵素和天然蛋白酶，能促进蛋白质分解，帮助消化吸收。

材料

木瓜	100g	酸奶	50g
杧果	100g	薄荷叶	2~3 片
菠萝	100g		
开心果碎	20g		

热量参考表		
食材	重量 (g)	热量 (kcal)
木瓜	100	30
杧果	100	35
菠萝	100	44
开心果碎	20	126
酸奶	50	36
合计		271

做法

1. 将菠萝洗净，除去外层老叶，横向切去上面 1/3 部分，剩余部分掏空，留作装沙拉的容器。

2. 从掏出的菠萝肉中取 100g，切成 2cm 见方的小块，用淡盐水浸泡片刻，沥水，放入小碗中备用。

3. 将木瓜洗净，取一半去皮、去子，切成 2cm 见方的小丁，放入小碗中备用。

4. 将杧果洗净，从中间贴核剖开，取一半划十字刀，去皮，切成 2cm 见方的小块，放入小碗中备用。

5. 切好的水果丁放入沙拉碗中，淋上酸奶拌匀，装回菠萝沙拉容器中。

6. 撒入开心果碎，加薄荷叶装饰即成。

烹饪秘籍

食用菠萝之前，最好用淡盐水浸泡片刻，因为菠萝中含有的菠萝蛋白酶会让口腔有一种微微刺痛的感觉，而盐能抑制菠萝蛋白酶的活性，会使菠萝的口感更好。

番石榴苹果青木瓜沙拉

烹饪时间 ◎ **15**min

易程度 💧💧

青苹果、青木瓜、番石榴，一抹新绿，一口酸爽，加上点儿酸奶和蜂蜜，应和着烟雨迷蒙的夏天，文艺小清新的心随之漾动。

番石榴的铁含量是热带水果中较高的。番石榴子含有丰富的膳食纤维，可以加速肠道蠕动，改善便秘，还能增强关节弹力和皮肤弹性，减轻关节炎及运动损伤引发的炎症。

热量参考表		
食材	重量 (g)	热量 (kcal)
番石榴	100	53
青苹果	100	54
青木瓜	100	30
青柠檬	40	15
蜂蜜	15	48
酸奶	50	36
合计		236

材料

番石榴	100g	酸奶	50g
青苹果	100g	蜂蜜	15g
青木瓜	100g		
青柠檬	40g		

做法

1. 将番石榴、青苹果、青柠檬在淡盐水中浸泡5分钟，清水洗净，沥水备用。

2. 将青木瓜洗净后削皮、去子，切成0.5cm厚的薄片，加少许盐腌5分钟左右至出水，轻轻挤去水分后，放入沙拉碗中备用。

3. 将番石榴对半切开，带子切成0.5cm厚的薄片，放入沙拉碗中备用。

4. 将青苹果带皮切成4瓣，去核后切成0.5cm厚的薄片，放入沙拉碗中备用。

5. 将青柠檬切成两半，将汁挤入小碗，倒入酸奶、蜂蜜拌匀，制成柠檬酸奶酱。

6. 将柠檬酸奶酱和番石榴片、青苹果片、青木瓜片拌匀，装盘即成。

烹饪秘籍

选番石榴，一要看果皮，成熟的果子果皮比较薄、带褶皱、呈浅绿色。二要摸硬度，表面硬的口感爽脆；按上去微微发软的，成熟度高，口感更甜。三要闻香气，成熟的番石榴能闻到清香。

三层杂色
水果魔方

西瓜杧果牛油果沙拉

烹饪时间 **10**min

难易程度 🌢🌢🌢

萨巴小语

生活需要变化，沙拉何尝不是？几种普通的水果，切成整齐划一的方块，顿时增添了几分颜值。

营养贴士

西瓜是大众水果，和很多水果新贵放在一起，很容易被忽略。其实，西瓜94%以上都是水分，有利尿功能，可以帮助人体排除体内的毒素和多余的水分，利于消除浮肿，是地道的瘦身水果。

材料

牛油果	（1个）100g
杞果	100g
西瓜	100g
酸奶	50g

| 薄荷叶 | 3~5片 |
| 柠檬汁 | 少许 |

热量参考表

食材	重量 (g)	热量 (kcal)
牛油果	100	171
杞果	100	35
西瓜	100	31
酸奶	50	36
合计		273

做法

1. 牛油果洗净去皮去核，剖成两半，切成2cm左右的正方体。
2. 杞果洗净，去皮去核，依照牛油果块切成等大的正方体。
3. 西瓜去皮，依照牛油果块切成等大的正方体。
4. 将牛油果和杞果的边角放入小碗，加入酸奶和柠檬汁，用小勺搅成顺滑的酸奶果泥。
5. 将牛油果块、杞果块、西瓜块放入沙拉碗，加入酸奶果泥。
6. 在沙拉上点缀薄荷叶即成。

烹饪秘籍

1. 这道沙拉制作的关键在于切块。先以个头最小的牛油果切出的方块为参照，之后杞果和西瓜的大小均比照这个尺寸切，摆盘更美观。
2. 将牛油果和杞果的边角料加上酸奶一起做成沙拉酱，口感更纯粹。

谁说沙拉就是"吃生"
——健康沙拉"叮"出来

介绍几种经过微波、烤箱加热的食材入沙拉的做法。

香草菌菇暖沙拉

大小菌菇搭配在一起，简单拌一下丢进烤箱，烤出汁液溜滑的口感，百里香、迷迭香的香气回荡在唇齿间，再配上鲜红的串番茄和油绿的芝麻菜，美味就是这么充满诱惑！

烹饪时间 ⊙ **30min**

难易程度 🔵🔵🔵

材料

杏鲍菇	50g	鲜迷迭香	10g
百灵菇	50g	橄榄油	10g
鲜香菇	50g	大蒜	1头
鲜口蘑	50g	黑胡椒碎	1/2 茶匙
串番茄	80g	盐	1/2 茶匙
芝麻菜	50g	油浸香草酱	20g
鲜百里香	10g		

营养贴士

别看菌菇个头小、不起眼儿，可膳食纤维含量丰富，可以帮助人体保持肠道内水分平衡，排出体内毒素和废物，降低胆固醇，且其热量相当低，因此，无论对美容族，还是瘦身族，这款沙拉都是佳选。

热 量 参 考 表

食材	杏鲍菇	百灵菇	鲜香菇	鲜口蘑	串番茄	芝麻菜	油浸香草酱	合计
重量（g）	50	50	50	50	80	50	20	
热量（kcal）	18	17	13	22	12	13	98	193

做法

1. 将多种食用菌洗净沥干，切成片状，加入橄榄油和盐腌渍 10 分钟左右至微皱出水。

2. 用手将迷迭香、百里香掐成小段，大蒜剥皮，去掉头尾，洗净备用。

3. 烤箱上下火，调至 200℃，预热 3 分钟，将锡纸折成盘状铺在烤盘上。

4. 将菌菇片、鲜百里香、鲜迷迭香和大蒜在烤盘中拌匀，入烤箱中层烤 15 分钟至菌菇微黄出水。

5. 将串番茄和芝麻菜洗净沥干，放入沙拉碗备用。

6. 将烤好的菌菇放入沙拉碗，加入油浸香草酱,和串番茄、芝麻菜搅拌均匀,摆盘即成。

烹饪秘籍

1. 菌菇可根据口味喜好随意选择，但要切成大小均匀的片或块，避免生熟不均匀。

2. 菌菇烤制前需要提前用少量盐渍出汁水，但切忌放盐过多，以防出炉后无法根据个人口味进行调节。

什锦蔬菜沙拉

烤出来的蔬菜有肉香

烹饪时间 **25**min

难易程度 ●●●

萨巴小语

瘦身期总会有那么一个瞬间，馋虫袭脑，想吃烧烤，那就把手头的蔬菜串起来烤着吃吧！撒上点儿盐和黑胡椒，当然也可以来点儿孜然粉、辣椒面，放纵地吃它一大盘，消了这股馋劲，才能在减脂的路上继续前进！

材料

口蘑	（4朵）100g	黑胡椒	1/2 茶匙
胡萝卜	（1根）100g	盐	1/2 茶匙
西蓝花	150g	经典油醋汁	20g
橄榄油	1 汤匙		

做法

1. 口蘑洗净沥干（不去蘑菇柄），从中间切开分为两半。

2. 胡萝卜洗净，去皮去根切成1cm厚的片，用刀切成花朵、星星、爱心等形状备用。

3. 西蓝花洗净沥干，掰成小朵。

4. 锅内加适量清水，放少许盐烧开，放入西蓝花、胡萝卜煮30秒左右断生，捞出沥干备用。

5. 烤箱上下火，调至200℃，预热3分钟，锡纸铺在烤盘上，刷一层薄薄的橄榄油。

6. 将口蘑、西蓝花、胡萝卜平铺在烤盘上，将剩余橄榄油用刷子刷在蔬菜上，撒上黑胡椒碎和剩余的盐。

7. 烤盘放入烤箱中层烤15分钟，至口蘑微焦取出。

8. 烤好的蔬菜中加经典油醋汁拌匀，装盘即成。

营养贴士

口蘑含有非常丰富的优质蛋白，其含量不但高于豆类，且不逊于动物蛋白；其氨基酸组成比例好，接近于人体需求。口蘑中还含有一种叫麦角甾醇的物质，是维生素D的前体物质，在阳光照射下会转化成维生素D，能补充女性因防晒而造成的维生素D缺乏。

热量参考表

食材	重量（g）	热量（kcal）
口蘑	100	44
胡萝卜	100	32
西蓝花	150	54
经典油醋汁	20	104
合计		234

烹饪秘籍

1. 素菜烤制时，可以稍微多刷一点橄榄油，以免蔬菜烤得太干而影响口感。

2. 蔬菜的大小要调节好，易熟的可以切得大一些，不易熟的可以切得略小一些，以便能同时烤熟。

孜然土豆花沙拉

烹饪时间 ⏱ **40**min

难易程度 🔴🔴🔴

萨巴小语

这道菜制作并不复杂，稍费心思即可让质朴的土豆宛若盛开的鲜花，非常适合节食族。对于吃货来说，做菜的过程往往能在很大程度上满足口舌之欲，吃多吃少似乎没那么重要了。

营养贴士

兼作粮菜的土豆，其淀粉含量低于米面类，脂肪含量仅 0.2% 左右，是理想的瘦身食物。

材料

土豆	300g	盐	1 茶匙
胡萝卜	150g	孜然粉	1/2 茶匙
生菜	（4片）50g	辣椒粉	1/2 茶匙
橄榄油	2 汤匙		

热量参考表

食材	重量（g）	热量（kcal）
土豆	300	243
胡萝卜	150	48
生菜	50	8
合计		299

做法

1. 将生菜洗净沥干，摆盘垫底。

2. 将土豆洗净去皮，切成尽量薄（1mm 左右）的薄片；将胡萝卜洗净去根去皮，用削皮器削成尽量长的薄片。

3. 将土豆片、胡萝卜片放入大碗中，加一半橄榄油和盐充分拌匀，腌渍至略软。

4. 取 1 片胡萝卜薄片垫底，将土豆片在胡萝卜片上一片压一片地叠放，再沿胡萝卜片的一端卷起成花形，用牙签固定。

5. 烤箱上下火，调至 200℃，预热 3 分钟，在马芬蛋糕烤盘（可用蛋挞托代替）上刷一层橄榄油。

6. 将卷好的土豆花放入预热好的烤箱，烤15 分钟至表面焦黄出炉。

7. 根据个人口味，将孜然粉、辣椒粉、剩余盐和橄榄油混合成调料酱汁。

8. 将土豆花装入垫有生菜叶的盘中，在其表面淋上酱汁即成。

烹饪秘籍

1. 切土豆片比较考验刀功，如果对刀工没有信心，可以借助削皮器。

2. 胡萝卜的作用是充当卷起土豆片的"腰带"，尽量选择直径约 5cm 粗的胡萝卜，方便卷起后固定。

黑椒鸡胸杂菜沙拉

烹饪时间 ⊙ **40**min

难易程度 🌢🌢🌢

冬日健身后，凉凉的瘦身沙拉难免给予胃部冰火两重天的考验。将沙拉放入烤箱烤制，一样的食材，不一样的体验。当烤肉的香气飘荡在厨房的时候，便有一袭暖意悄然升腾、由内及外地荡漾开来。

🥘 材料

鸡胸肉	（1块）150g	料酒		2 汤匙
胡萝卜	（1根）100g	生抽		1 汤匙
土豆	（1个）100g	黑胡椒碎		1/2 茶匙
彩椒	（半个）50g	经典油醋汁		20g
橄榄油	1/2 汤匙			

🍳 做法

1. 将鸡胸肉洗净，放入深盘，加料酒、生抽，放入冰箱腌渍半小时以上。

2. 彩椒洗净，去蒂、去籽，切成 0.5cm 厚的完整圈状。

3. 胡萝卜洗净，去根、去皮；土豆洗净、去皮，分别切成 0.5cm 厚的薄片。

4. 锅中加入 500ml 左右的清水并烧开，放入胡萝卜、土豆片焯 2 分钟左右至略软，捞出沥干，放入沙拉碗备用。

5. 烤箱上下火，调至 200℃，预热 3 分钟，锡纸平铺在烤盘上，刷一层橄榄油。

6. 腌渍好的鸡胸平铺在烤盘中央，淋上腌渍鸡肉剩余的料酒和酱油，放入烤箱中层烤制 20 分钟左右，10 分钟左右可取出烤盘将鸡胸翻面，烤至表面微焦，取出晾至微凉。

7. 将鸡胸肉切成 1~2cm 厚的长条，淋入经典油醋汁，与焯熟的胡萝卜片、土豆片翻拌均匀。

8. 拌好菜品装盘，撒黑胡椒碎，装饰彩椒圈即成。

✕ 营养贴士

鸡胸肉蛋白质含量高，热量却非常低，烤制既炼出了鸡肉里仅有的一点儿油脂，又保留了肉类天然的香味，是瘦身期的百搭食材。

热量参考表		
食材	重量 (g)	热量 (kcal)
鸡胸肉	150g	200
胡萝卜	100	32
土豆	100	81
彩椒	50	13
经典油醋汁	20	104
合计		430

🍲 烹饪秘籍

1. 鸡胸选择大小适中、不超过 1.5cm 厚的，易熟且入味，适合一餐的食用量。

2. 搭配的蔬菜尽量不要选择叶类，否则容易损失水分，影响口感。考虑美观，对于搭配的胡萝卜、土豆等根茎类蔬菜，可用花刀切成多种形状。

南瓜口蘑鸡腿沙拉

烹饪时间 ⏱ **40min**

难易程度 💧

南瓜是最容易让人想起万圣节的菜品，烤鸡和南瓜更是寒冬里的绝配。经过烤箱的烘烤，香甜的气息飘荡在房间里，让人感到幸福。

南瓜中淀粉和膳食纤维的含量都比较高，用它替代主食，有助于防止便秘，有效控制体重。欧芹以绿色作为点缀，且增加了本餐的膳食纤维。

材料

南瓜	200g	料酒	2 汤匙
鸡腿肉	100g	生抽	1 汤匙
口蘑	100g	黑胡椒碎	1/2 茶匙
欧芹	30g	盐	1/2 茶匙
橄榄油	1/2 汤匙	经典油醋汁	20g

热量参考表

食材	重量 (g)	热量 (kcal)
南瓜	200	46
鸡腿肉	100	181
口蘑	100	44
欧芹	30	11
经典油醋汁	20	104
合计		386

做法

1. 鸡腿肉洗净，切成 2cm 宽的长条，放入碗中，加料酒、生抽，放入冰箱腌渍半小时以上。

2. 南瓜洗净控干水，对半剖开，去除南瓜子，带皮切成 0.5cm 厚的薄片；口蘑洗净，切成 0.5cm 厚的薄片。

3. 欧芹洗净去叶，切成碎丁。

4. 烤箱上下火，调至 200℃，预热 3 分钟，锡纸平铺在烤盘上，刷一层橄榄油。

5. 腌渍好的鸡腿肉平铺在烤盘中央，浇上腌渍用的料酒和生抽，南瓜片、口蘑片摆在鸡腿肉周围，撒上盐和黑胡椒碎。

6. 将烤盘连同里面的食材放入烤箱中层烤制25 分钟，15 分钟左右取出鸡腿肉，翻面烤至熟透。

7. 将烤熟的鸡腿肉、南瓜、口蘑翻拌均匀，装盘。

8. 放入切好的欧芹碎装饰，淋入经典油醋汁即成。

烹饪秘籍

1. 尽量选用橙红色南瓜，带皮切成片，烤制出来的颜色金黄透亮，色泽诱人。

2. 鸡腿肉的脂肪含量略高于鸡胸肉，烤制时无须额外放油，鸡腿肉里炼出的油脂足以包裹南瓜等蔬菜。

南瓜茄子藜麦沙拉

烹饪时间 ◎ **30**min

难易程度 🌢🌢🌢

"瓜菜代"是 20 世纪 60 年代人们发明的叫法，有"以瓜菜代替口粮度日"之意。时至今日，"瓜菜代"从苦兮兮的果腹之物变成了引领时尚的瘦身餐标配之物。这款"南瓜、茄子＋藜麦"组合，高纤维、高能量、低热量，易操作，"叮"一下齐活，绝对是减脂期的王者搭配。

营养贴士

南瓜中钙、铁、胡萝卜素含量都很高。常吃南瓜，可以润肠通便，美白肌肤，对女性有很好的美容瘦身的功效，现已成为公认的"保健蔬菜"。

热量参考表

食材	重量（g）	热量（kcal）
南瓜	150	35
长茄子	150	35
藜麦	50	184
经典油醋汁	20	104
合计		358

材料

南瓜	150g	橄榄油	1 茶匙
长茄子	150g	经典油醋汁	20g
藜麦	50g		
盐	1/2 茶匙		

做法

1. 南瓜、长茄子分别洗净沥干，带皮切成 0.5cm 左右的薄片，放入盐腌渍备用。

2. 锅中加入 500ml 水，加入几滴橄榄油和少许盐煮沸。

3. 藜麦洗净放入锅中，小火煮 15 分钟左右，捞出沥干备用。

4. 轻轻挤干南瓜和茄子腌渍出的水分，一片南瓜、一片茄子整齐交替地码放在微波盘中。

5. 将剩余橄榄油均匀淋在菜上，放入微波炉高火加热 5 分钟至南瓜变软，取出微波盘。

6. 将沥干的藜麦撒在加热后的南瓜和茄子上，淋上经典油醋汁翻拌即成。

烹饪秘籍

南瓜越老越好吃，筋少、糖分足，无论蒸煮还是烤制，口感软糯香甜，适合拌沙拉食用。挑选南瓜的时候，应先掂分量，沉甸甸的南瓜成熟度更好；然后摸硬度，皮硬掐不动的是老南瓜，一掐就出水的是嫩南瓜。

一见钟情
一口深爱

番茄牛肉土豆沙拉

番茄、牛肉、土豆，怎么看都是
道主厨大菜，但给很多人留下了
"美味、健康，却不好做"的印
象——需要炖好久才能吃到嘴
里，人们很容易选择放弃烹制。
我们不妨换个思路，把大块牛肉
换成牛肉馅，做成沙拉，做法简
单，营养和味道却丝毫不输法式
大餐。

烹饪时间 ⊙ **25min**

难易程度

牛肉馅	100g	黑胡椒碎	1 茶匙
番茄	（2个）300g	淀粉	1/2 茶匙
土豆	（1个）100g	橄榄油	1 汤匙
洋葱	（半个）50g	红酒	（2汤匙）30g
盐	1/2 茶匙	生抽	1 汤匙
料酒	2 汤匙	鲜罗勒叶	2~4 片

热量参考表

食材	重量（g）	热量（kcal）
牛肉馅	100	125
番茄	300	45
土豆	100	81
洋葱	50	20
红酒	30	29
合计		300

做法

1. 将牛肉馅置于大碗中，加盐、料酒、一半黑胡椒碎、淀粉，顺时针搅2分钟左右，至肉馅略发白，腌制 10 分钟。

2. 番茄洗净沥干，底部切掉一小片，蒂朝上放置；从上 1/3 处剖开，用勺挖出下部内瓤，形成完整的番茄盅；将内瓤与上 1/3 番茄切碎，放入小碗备用。

3. 土豆洗净去皮，分别切成 1cm 见方小丁，放入微波碗，进微波炉高火 3 分钟至熟，放入沙拉碗。

4. 洋葱去皮，切成 1cm 见方小丁。炒锅烧热，加橄榄油烧至八成热，放入洋葱丁炒香。

5. 锅中加入牛肉馅，大火翻炒至发白，沿锅边倒入红酒、生抽，继续翻炒入味。

6. 制作番茄牛肉酱汁：将番茄碎放入锅中翻炒，转中火，盖锅盖炖2~3分钟，揭开锅盖，大火收汤，至汤浓稠、牛肉馅熟透。

7. 将微波好的土豆和炒好的番茄牛肉酱汁一起放入沙拉碗，加入剩余黑胡椒碎，翻拌均匀。

8. 用小勺将拌匀的食材放入番茄盅，装饰罗勒叶即成。

烹饪秘籍

牛肉健康美味，但难入味，不免让人心生怯意。其实，处理牛肉的关键在于加入"酸"，特别是果酸，能软化牛肉纤维。常见的方法是加入柠檬、山楂、苹果、梨、番茄等含酸的水果，这样不仅可以使牛肉的肉质更加鲜嫩爽滑，还能起到解腻的作用。

营养贴士

牛肉蛋白质含量高，脂肪含量低，非常适合食肉族和瘦身族，尤其能够满足女生"想吃肉、不长胖"的需求。另外，寒冬食牛肉，有暖胃之用，能提高机体免疫力，是冬日滋补佳品。

芋头恋上鸡
层层好美味

玉米芋头鸡腿沙拉

烹饪时间 ◎ **30**min

难易程度 ◗◗◗

芋头口感细软、绵甜香糯，鸡肉嫩滑爽口、低脂健美，两种食材混合在一起，再配上清甜的玉米粒，层层叠叠，口感丰富，营养美味。

营养贴士

芋头营养丰富，和秋葵、山药等相似，都含有一种黏液蛋白，可以增强人体抵抗力。芋头所含的膳食纤维约为白饭的 4 倍，和许多蔬菜纤维含量相当，能增加饱腹感，可作为主食替代品。

材料

鸡腿肉	150g		生抽	1 汤匙
小芋头	（3个）150g		橄榄油	1 汤匙
甜玉米粒	50g		低油蛋黄酱	20g
料酒	1 汤匙		鲜薄荷叶	2 片

热量参考表

食材	重量 (g)	热量 (kcal)
鸡腿肉	150	272
小芋头	150	84
甜玉米粒	50	15
低油蛋黄酱	20	78
合计		449

做法

1. 芋头清洗去皮，切成 1cm 厚的片状，放入蒸锅中蒸 10 分钟至熟透。

2. 鸡腿肉洗净，去骨去皮，切成 1cm 见方小丁，加料酒、生抽腌制 10 分钟。

3. 炒锅烧热，放橄榄油烧至八成热，加入腌渍好的鸡丁翻炒 2~3 分钟至发白，晾至微凉。

4. 锅中加入 500ml 左右清水烧开，放入甜玉米粒焯 1 分钟左右，捞出沥干备用。

5. 芋头用勺子压制成泥，加入焯过的甜玉米粒拌匀。

6. 盘中放圆形模具，用勺子将混合好的芋头泥放入模具底层。

7. 用勺子在底层芋头泥上放入一层炒好的鸡丁并压实，上方再放入一层芋头泥压实。

8. 取走模具，淋低油蛋黄酱，点缀薄荷叶即成。

烹饪秘籍

挑芋头遵循三个原则：一"看"，外表不要有霉点或磕碰痕迹。二"按"，手感硬的是新鲜芋头，发软的是老的或不新鲜的芋头。三"掂"，同样大小的芋头，较轻的质量较好，其淀粉含量高，吃起来软糯；较重的含水分较多，口感不好。

山药彩椒培根沙拉

烹饪时间 ◎ **30**min

难易程度 ●●●●

"培根君"是各种素时蔬的百搭"男闺蜜"，各类纤细的蔬菜，只要被"培根君"拥入怀中，无论烘烤还是油煎，分分钟被培根浸润滋养，变身美味肉食，怎能让人不爱它？

营养贴士

山药富含多种维生素，是高营养、低热量的食品。它健脾益胃，能促进人体的消化和吸收功能，绝对是减脂期间的主食替代佳品。

材料

山药	150g	橄榄油	1 茶匙
培根	（5条）100g	经典油醋汁	20g
青椒、黄椒、红椒	各50g	香葱	少许

热量参考表		
食材	重量 (g)	热量 (kcal)
山药	150	86
培根	100	181
青椒	50	11
彩椒	100	26
经典油醋汁	20	104
合计		408

做法

1. 青椒、黄椒、红椒洗净，去籽、去蒂，取等量3份，切成与培根等宽的细丝备用。

2. 山药清洗干净，用刮刀去皮，切成与培根等宽的小段，再切成细丝备用。

3. 将5条培根从中间切开，分成10段。

4. 铺开一段培根，把青椒丝、黄椒丝、红椒丝、山药丝从一边码至培根长度2/3处，再把培根卷起，用牙签固定好。

5. 用毛刷将剩余橄榄油刷在培根卷上。

6. 烤箱上下火，调至200℃，预热3分钟；锡纸平铺在烤盘上，刷一层橄榄油。

7. 将卷好的培根卷放进烤盘内，送入烤箱中层，烘烤15分钟至培根表面略焦。

8. 取出培根卷整齐码放在盘内，淋入经典油醋汁，撒少许香葱点缀即成。

烹饪秘籍

山药好吃，但皮中含皂角素，很多人接触后会皮肤瘙痒。处理山药时，一定戴上厨用手套。万一出现手痒症状，可以用醋洗手，症状会逐渐减轻。

金针芦笋牛肉卷沙拉

烹饪时间 ◎ **30**min

难易程度 ◆◆◆

素食界的金针菇仿佛修习过"吸味大法"。它和牛肉是最好的搭档，信手那么一卷，再经烤箱一加热，菌菇香中混合着肉香，口感滑嫩，再配上鲜绿的芦笋，解馋过瘾又健康。

材料

肥牛片	150g	大蒜	4 瓣
金针菇	150g	橄榄油	1 汤匙
芦笋	150g	豉油	1 汤匙
盐	1/2 茶匙	白砂糖	1/2 茶匙

做法

1. 肥牛片自然解冻，挑出较完整的长片，铺展开备用。

2. 锅中放入适量清水，加入少许盐和橄榄油烧开。

3. 芦笋洗净，切去根部，放入开水中焯2分钟至翠绿，捞出沥干水分，放入盘中。

4. 金针菇切去根部1cm左右，保留部分根部相连，均匀撕成拇指粗细，清洗干净，放入焯芦笋的热水中，煮至变软，捞出沥干备用。

5. 烤箱上下火，调至200℃，预热3分钟；锡纸折成盘状铺在烤盘上，在锡纸上刷一层橄榄油。

6. 取1片肥牛片，卷适量金针菇，用牙签固定，放入烤盘。全部摆放好后，送入烤箱中层，烤10分钟左右至牛肉微焦。

7. 蒜切成末放入小碗，加剩余橄榄油和盐，再加豉油、白砂糖混合成料汁。

8. 将烤好的牛肉金针菇卷取出后摆盘，淋入料汁即成。

营养贴士

金针菇在菌类中最纤细，但营养价值毫不逊色，特别是赖氨酸含量很高，且具有高纤的特性，越来越受女性青睐，成为减脂的绝佳食材。

热量参考表		
食材	重量 (g)	热量 (kcal)
肥牛片	150	147
金针菇	150	48
芦笋	150	33
合计		228

烹饪秘籍

酱汁是本道沙拉的关键，可以根据个人口味和手边调料信手搭配。喜欢辣味的，可以加入辣椒面或辣椒酱；还可以根据个人喜好，撒上点儿黑胡椒，点缀上罗勒叶，这样会有些许西式风味。

谁说沙拉都是"西餐"
——中式沙拉"秀"起来

介绍中式菜谱中几种传统凉拌菜的做法。

麻婆豆腐豌豆沙拉

减脂豆腐
"素麻婆"

烹饪时间 ⊙ **20**min

难易程度 🌢🌢🌢

萨巴小语

"瘦身狗"都会有这么一个阶段——日思夜念那一口浓郁的麻辣鲜香，却不敢触碰。这款麻婆豆腐却是地道的冷拌沙拉。豆腐经冷处理，再结合独家酱汁，绝对不输传统热菜半点味道。"瘦身狗"可以巧用心思，偶尔放纵一下，滋养一下寡淡的味蕾。

营养贴士

豌豆可以去除面部黑斑，令面部有光泽。同时，它含大量膳食纤维，能促进肠道蠕动。另外，豌豆色泽鲜翠，和谁配搭都会悄然提升菜品的颜值，是美容养生的百搭食材。

材料

北豆腐	200g	小米辣	1 个
豌豆	100g	小葱	3 根
花生油	1 汤匙	花椒面	1/2 茶匙
郫县豆瓣酱	1 汤匙	辣椒面	适量
蒜	3~4 瓣		

热量参考表

食材	重量 (g)	热量 (kcal)
北豆腐	200	232
豌豆	100	111
合计		343

做法

1. 北豆腐冷水洗净，切成 1cm 左右小块；豌豆洗净备用。

2. 郫县豆瓣酱切碎，蒜洗净切成碎末，小葱洗净切成葱花，小米辣洗净切小圈备用。

3. 锅中放 500ml 左右清水，加少许盐烧开。豌豆放入锅中焯 1 分钟左右，捞出沥干。

4. 把豆腐块放入焯豌豆的水中，煮至水开后继续煮 1 分钟，捞出沥干。

5. 将焯好的豆腐、豌豆摆在盘中，顶端依次放切碎的豆瓣酱、蒜末、花椒面、辣椒面等调料。

6. 花生油烧至八成热，浇在菜品上，撒葱花、小米辣圈装饰即成。

烹饪秘籍

1. 将花生油烧热后，浇在蒜末、花椒面和辣椒面上，能充分激发出蒜香和麻辣的味道。
2. 如果有青蒜苗，可用其替代生蒜；用热油将青蒜苗浇熟，沙拉的味道会更鲜美。

牛蒡尖椒薄荷沙拉

烹饪时间 ◎ **20min**

难易程度 🌢🌢🌢

萨巴小语

说起老虎菜（经典老三样——尖椒、葱白、香菜拌在一起）一口爽辣的冲劲直蹿脑门儿。老菜闹新样，将其换成牛蒡、尖椒和薄荷，口味依旧鲜、香、辣，还带股薄荷的特殊味道，清爽开胃，解热通便，实乃饭桌上的佳品。

营养贴士

牛蒡富含可溶性纤维和菊糖，可以减缓食物能量释放，减少肠道对油脂的过多吸收。多吃牛蒡有助于肠道排毒，排除体内毒素。

材料

鲜牛蒡	100g	米醋	1/2 汤匙
尖椒	（1个）100g	白砂糖	少许
薄荷	20g	香油	几滴
白醋	1/2 汤匙	花椒油	几滴
生抽	1/2 汤匙	小米辣	1 个

热量参考表

食材	重量（g）	热量（kcal）
鲜牛蒡	100	72
尖椒	100	22
薄荷	20	7
合计		101

做法

1. 鲜牛蒡洗净去皮，斜刀切成 2mm 薄片，再切成细丝，放入加白醋的清水中浸泡 1~3 分钟。

2. 锅中放入适量清水，烧开后放入牛蒡焯 2 分钟左右至微软，捞出沥水备用。

3. 尖椒洗净，去蒂去籽，切成和牛蒡等长的细丝备用。

4. 薄荷叶洗净，沥干备用；小米辣洗净沥干，切成细圈备用。

5. 将生抽、米醋、白砂糖、香油、花椒油加小米辣拌匀制成酱汁。

6. 将焯熟的牛蒡、洗净的尖椒和薄荷叶放入沙拉碗，加入酱汁拌匀即成。

烹饪秘籍

牛蒡质地略硬，最好在去皮切丝后，放入加白醋的清水中浸泡 1~3 分钟，口感会更爽脆，同时还可以防止氧化和营养流失。

凉拌的
"地三鲜"

豆角土豆茄子沙拉

烹饪时间 ⊙ **20min**

难易程度 🌢🌢🌢

地三鲜是东北菜中的经典，令人百吃不厌。但是，对茄子和土豆过油的做法会让瘦身人群对这道美食敬而远之。换个思路，将过油改为凉拌，一样的食材和调料，油分却大大降低。

营养贴士

茄子是为数不多的蓝紫色蔬菜之一，它的外皮中含有大量的多酚，这是一种抗氧化剂，能清除自由基，增强机体免疫力，还有很好的祛斑效果，因此最好带皮食用。

材料

长茄子	（1根）140g	蒜末	30g
土豆	（1个）100g	生抽	1汤匙
长豆角	100g	白砂糖	1/2茶匙
青椒	23g	料酒	1汤匙
红椒	27g	橄榄油	1汤匙
葱末	15g	香油	少许

热量参考表		
食材	重量 (g)	热量 (kcal)
长茄子	140	32
土豆	100	81
长豆角	100	34
青椒	23	5
红椒	27	7
葱	15	4
蒜	30	38
合计		201

做法

1. 长茄子洗净后去蒂，带皮切滚刀块；土豆洗净去皮，切成0.2cm厚的片；长豆角洗净去老筋，切成2cm小段备用。

2. 青椒、红椒洗净去蒂去籽后，切成2cm长的菱形块。

3. 土豆片、茄子块、豆角放入微波碗，放少许水，高火5分钟，加热至土豆能扎透、茄子微软出水、豆角变软熟透。

4. 取1个小碗，加入生抽、白砂糖、料酒和香油，混匀调成酱汁备用。

5. 锅中放入橄榄油，大火加热至七成热时，放入葱末和一半的蒜末，炒香后关火，倒入酱汁，制成葱蒜酱汁。

6. 将土豆片、茄子块、青椒块和红椒块放入沙拉碗中，倒入制好的葱蒜酱汁拌匀，撒另一半蒜末即成。

烹饪秘籍

有的豆角中含有一种叫凝集素的毒蛋白，有的豆角中含有皂苷，这两种物质都能引起人体的中毒反应。但是，这两种物质都不耐高温。因此，处理豆角时，应过水焯熟，以去除毒性。

高纤维
素什锦

西芹藕丁花生沙拉

烹饪时间 ⊙ **40**min

难易程度 ◇◇◇

萨巴小语

酒桌上最传统的素三拼，不光能下酒，还很养眼。西芹高纤低脂，莲藕养血养人，花生延缓衰老，食材进行水煮处理，即刻成为减脂期一道朴素的沙拉。

材料

花生豆	50g	生抽	1/2 汤匙
西芹	100g	米醋	1 汤匙
莲藕	100g	白砂糖	1/2 茶匙
盐	1/2 茶匙	橄榄油	1 汤匙
蒜	2 瓣	花椒	8~10 粒
小米辣	1 个		

做法

1. 花生米洗净，用温水浸泡 2~3 小时至皮微皱，剥去外皮，沥水晾干备用。

2. 西芹洗净，撕去老筋，斜刀切成 2cm 长的菱形块备用；莲藕洗净去皮，切去两头，剩余部分切成 1cm 见方的藕丁备用。

3. 锅中放入足量清水，加盐烧开；放入浸泡过的花生，小火煮 30 分钟至花生变软，捞出沥水备用。

4. 将西芹、藕丁放入煮花生用的水中，焯 1 分钟左右，捞出沥水，放入沙拉碗备用。

5. 蒜去皮洗净，切成末备用；小米辣洗净，切成细圈备用。

6. 小碗中放入生抽、米醋、白砂糖混匀，放入蒜末。

7. 炒锅烧热放入橄榄油，放入花椒小火爆香。捞出花椒后，将烧热的橄榄油淋在小碗中的蒜末上，制成调味汁。

8. 调味汁倒入沙拉碗，与焯好的西芹、藕丁和去皮花生米翻拌均匀，加小米辣圈点缀即成。

营养贴士

花生号称"长生果"，它的营养价值高，蛋白质和钙的含量远高于一般坚果，其维生素 E 含量也很高，能增强人体新陈代谢，保持皮肤滋润细嫩，起到延缓衰老的作用。

热量参考表		
食材	重量 (g)	热量 (kcal)
花生豆	50	300
西芹	100	17
莲藕	100	47
合计		364

烹饪秘籍

西芹中钠的含量较高，仅次于茴香，排名第二，口感自带咸味。因此，含有西芹的菜品，要适当减少盐的用量，以免盐分摄入超标。

蒜蓉粉丝娃娃菜沙拉

烹饪时间 ⏱ **40**min

难易程度 💧💧💧

传统蒸菜变身沙拉，拌出来的娃娃菜更美味，更健康。

"百菜不如白菜"，然而，这种身形娇小的娃娃菜的营养价值比白菜更高。其钾含量较高，钾是维持神经肌肉正常功能的重要元素，经常感到疲倦的人可以多吃一点儿娃娃菜。娃娃菜还有促进肠道蠕动、帮助排便的功效，多吃全无负担。

🥗 材料

娃娃菜	（1棵）200g	蒸鱼豉油	1/2 汤匙
粉丝	（1卷）50g	白砂糖	少许
红椒	30g	蚝油	1/2 汤匙
香葱	2 根	香油	几滴
蒜	30g		

热量参考表		
食材	重量（g）	热量（kcal）
娃娃菜	200	26
粉丝	50	169
红椒	30	8
蒜	30	38
合计		241

🍲 做法

1. 粉丝冲洗干净，冷水浸泡 30 分钟左右。

2. 娃娃菜洗净去根，从中间纵向剖开，平面朝下，每半份再切成 4~6 份长条备用。

3. 蒜去皮洗净，用捣蒜器压成蒜末；红椒洗净，去蒂去籽，切成碎丁；香葱洗净，取绿叶，切葱花圈备用。

4. 锅中放入适量清水烧开，先放入娃娃菜焯 1 分钟左右至菜变软，捞出沥干，摆盘备用。

5. 放入粉丝煮 2~3 分钟至软，捞出沥干，放在娃娃菜上。

6. 将蒜末、红椒丁、蒸鱼豉油、白砂糖、蚝油、香油混合调成酱汁，浇在菜上拌匀，点缀葱花即成。

🍳 烹饪秘籍

在切娃娃菜的时候，要留一点儿根部，不要全部切掉。纵向切的时候，要注意使每部分的底部相连，这样焯出来的菜会更有型，更容易码出造型。

可以敞开吃
的青菜

蚝油白灼西生菜沙拉

烹饪时间 ⊙ **20**min

难易程度

白灼，还是沙拉？这很重要吗？西生菜性寒凉，胃寒的姑娘不妨将西生菜用姜片灼出，再配两个白灼大虾，这样吃下去，温暖在身，熨帖在心。

西生菜的膳食纤维和维生素 C 含量较高。它含有的甘露醇有利尿、促进血液循环的作用，能消除体内多余脂肪，常食可以达到食疗瘦身的效果，难怪有人叫它"瘦身生菜"。

⊜ 材料

西生菜	（半个）200g	姜	10g
虾	（4~6只）100g	白砂糖	1/2 茶匙
盐	少许	生抽	1/2 汤匙
花生油	几滴	白醋	1/2 汤匙
小葱	3~4 根		

热量参考表

食材	重量 (g)	热量 (kcal)
西生菜	200	24
虾	100	84
合计		108

⊙ 做法

1. 新鲜的大虾洗净，剪去虾须，用牙签挑出虾线，洗净备用。

2. 西生菜剥开洗净，掰成小片；小葱洗净，葱白切段，葱绿切细圈；姜洗净，切大片备用。

3. 锅内放入适量清水，加葱段、姜片、盐、一半料酒、一半白砂糖、花生油，大火烧开，放入西生菜焯 20~30 秒，迅速捞出控水，装入盘中。

4. 焯生菜的水中加入洗好的大虾，中火煮1~2 分钟至虾变红色关火，捞出沥干备用。

5. 生抽、剩余料酒、白砂糖和白醋调在一起，做成调味汁。

6. 西生菜淋入调味汁，翻拌均匀装盘，放入白灼的大虾，加香葱圈装饰即成。

⊜ 烹饪秘籍

1. 白灼菜不是水煮菜。白灼时，除了加水，还要加入葱段、姜片、姜汁酒 、盐、白糖、花生油和胡椒粉，调料可根据个人口味增减用量。

2. 白灼菜时，水量一定要多，一般为食材的 3 倍。这样，食材进锅后，水温不会急速下降，从而能快速将食材焯熟。盐量一定要少，以使虾和生菜本身的清甜不被掩盖。

凉拌青笋藕丁沙拉

烹饪时间 **20**min

难易程度 ●●

萨巴小语

如果说给蔬菜分分组，选个最佳组合，那么笋和藕应该算天设地造的一对。两者同属根茎类，无论是口感、营养还是做法都十分搭配，凉拌、热炒总相宜，再点缀上炒香的花生米，满口爽脆酥香，满足感油然而生。

营养贴士

青笋也叫莴苣、莴笋，属于粗纤维类蔬菜，性微凉，味甘、苦，清热利尿，热量很低，是公认的减肥蔬菜。莲藕微甜清脆，含黏液蛋白和膳食纤维，有助于排出体内的胆固醇和甘油三酯，降脂作用明显。

材料

青笋	100g	橄榄油	1 汤匙
莲藕	100g	经典油醋汁	20g
花生米	50g		

热量参考表

食材	重量 (g)	热量 (kcal)
青笋	100	15
莲藕	100	47
花生米	50	300
经典油醋汁	20	104
合计		466

做法

1. 青笋去叶，洗净去皮，切成 1cm 见方的小丁备用。

2. 莲藕洗净，去皮，切去两头藕节，剩余部分切成 1cm 见方的藕丁，过凉水后备用。

3. 用冷水洗净花生米，沥干备用。

4. 炒锅中放入橄榄油，倒入花生米后晃动炒锅，让每颗花生米沾匀油后开火，小火炸出香味后关火，晾凉备用。

5. 煮锅加入适量清水烧开，放入笋丁和藕丁焯 1 分钟左右，捞出沥水，放入沙拉碗。

6. 沙拉碗中加入经典油醋汁翻拌均匀，放入炸好的花生米，装盘即成。

烹饪秘籍

莲藕有七孔和九孔之分，挑选起来是有门道的：七孔藕外形短粗，颜色偏暗红，口感软糯，适合煲汤；九孔藕外形细长，外表白净，水分大，口感爽脆，适合素炒或凉拌。

芝麻酱西葫芦沙拉

烹饪时间 ◎ **20**min

难易程度 ●●●

萨巴小语

西葫芦皮薄、肉厚、水分多，拌完即食，鲜嫩嫩、爽脆脆。"芝麻酱＋虾皮"的高钙组合，提升了这道养颜菜品的营养价值。3分钟即成的快手做法，让人怎能拒绝它？

营养贴士

西葫芦含水量大，纤维素含量高，能促进肠胃蠕动，有润肠通便、排毒养颜、滋润肌肤的作用。对于皮肤暗黄的人群来说，西葫芦是一道美容佳品。

材料

西葫芦	（1个）300g
花生油	1/2 茶匙
芝麻酱	20g
虾皮	10g
小米辣	1 个

小葱	2~3 根
生抽	1/2 汤匙
醋	1/2 汤匙
白砂糖	1/2 茶匙

热量参考表		
食材	重量 (g)	热量 (kcal)
西葫芦	300	57
虾皮	10	15
芝麻酱	20	126
合计		198

做法

1. 西葫芦洗净，用擦丝器擦成长长的粗丝，放入沙拉碗中备用。

2. 小米辣洗净去籽，切成细圈备用。

3. 小葱洗净去根，切成细圈备用。

4. 炒锅加热，放少许花生油，小火放入虾皮煸香，取出备用。

5. 碗中依次放入芝麻酱、生抽、醋、白砂糖，加少许水混合均匀，调成芝麻酱汁。

6. 将芝麻酱汁倒入沙拉碗，与西葫芦丝混合均匀，撒入小米辣圈、小葱圈、虾皮点缀即成。

烹饪秘籍

1. 擦西葫芦时，可选择粗孔擦丝器。西葫芦中间芯的部分口感太软，不够爽利，可舍弃不用。

2. 调芝麻酱汁时，加水量可酌情增减，调至酱汁恰好呈流畅倒出的流动状态即可。

泡椒萝卜青瓜沙拉

烹饪时间 ⏱ **20**min

难易程度 🔵🔵🔵

人间何物惹垂涎，最是泡椒第一怜。一说起泡椒，多少人口中顿时开始分泌唾液？泡椒这东西百搭：配凤爪，搭猪脚，腌蔬菜……怎么做都让人牵肠挂肚，四季难舍。

泡椒是川菜中特有的调味料，它辣而不燥，吃起来鲜嫩清脆，可以增加食欲，帮助消化，加快脂肪代谢，是瘦身期很好的佐餐调料。

材料

白萝卜	（半根）100g	白砂糖	1/2 茶匙
胡萝卜	（1根）100g	白醋	1 汤匙
黄瓜	（1根）150g	姜	20g
泡椒（带汤）	50g	花椒	8~10 粒
盐	1/2 茶匙	香菜	1 根

热量参考表

食材	重量 (g)	热量 (kcal)
白萝卜	100	16
胡萝卜	100	32
黄瓜	150	24
泡椒(带汤)	50	19
合计		91

做法

1. 白萝卜、胡萝卜洗净去皮，切成 1cm×5cm 的长条备用。

2. 黄瓜洗净去皮，切成 1cm×5cm 的长条备用。

3. 将切好的黄瓜条和萝卜条放入沙拉碗，撒入少许盐、白砂糖和一半白醋，腌渍至出水。

4. 姜洗净去皮，切成 1mm 厚的片备用，香菜洗净去根，备用。

5. 小碗中依次放入花椒、切好的姜片和剩余的白醋，加入泡椒，制成泡椒汤汁。

6. 将腌渍好的黄瓜条和萝卜条去掉多余水分，放入带盖保鲜盒，倒入泡椒汤汁，翻拌均匀，放入冰箱冷藏 2 小时以上，取出摆盘，点缀少许香菜即成。

烹饪秘籍

1. 这种方法适于任何爽脆的蔬菜，青笋、莲藕、西芹、白菜都可以拌在一起。

2. 泡椒沙拉需要在无油、无水的容器中腌渍，一次可以多做些，放入冰箱冷藏，随时取用，可保存 1 周左右。